心理咨询与治疗100个关键点译丛

中央财经大学应用心理专硕（MAP）专业建设成果

100 KEY POINTS
Person-Centred Therapy:
100 Key Points & Techniques

以人为中心疗法
100个关键点与技巧
（原著第二版）

（英）保罗·威尔金斯（Paul Wilkins） 著
辛志勇　顾冰　岑明颖　等译

全国百佳图书出版单位

化学工业出版社

·北 京·

图书在版编目(CIP)数据

以人为中心疗法：100个关键点与技巧/(英)保罗·威尔金斯(Paul Wilkins)著；辛志勇，顾冰，岑明颖等译.—北京：化学工业出版社，2017.7（2025.2重印）

（心理咨询与治疗100个关键点译丛）

书名原文：Person-Centred Therapy：100 Key Points & Techniques

ISBN 978-7-122-29853-9

Ⅰ.①以… Ⅱ.①保… ②辛… ③顾… ④岑… Ⅲ.①精神疗法 Ⅳ.① B841② R749.055

中国版本图书馆 CIP 数据核字（2017）第 124596 号

Person-Centred Therapy：100 Key Points & Techniques, 2nd edition/by Paul Wilkins

ISBN 978-0-415-74371-6

Copyright© 2016 by Paul Wilkins. All rights reserved.

Authorized translation from the English language edition published by Routledge, a member of Taylor & Francis Group

本书中文简体字版由 Taylor & Francis Group 授权化学工业出版社独家出版发行。

未经许可，不得以任何方式复制或抄袭本书的任何部分，违者必究。

本书封面贴有 Taylor & Francis 公司防伪标签，无标签者不得销售。

北京市版权局著作权合同登记号：01-2017-1557

责任编辑：曾小军　赵玉欣　王新辉
责任校对：宋　玮
装帧设计：尹琳琳

出版发行：化学工业出版社
　　　　　（北京市东城区青年湖南街13号　邮政编码100011）
印　　装：北京建宏印刷有限公司
710mm×1000mm　1/16　印张17½　字数252千字
2025年2月北京第1版第5次印刷

购书咨询：010-64518888
售后服务：010-64518899
网　　址：http://www.cip.com.cn

凡购买本书，如有缺损质量问题，本社销售中心负责调换。

定　　价：68.00元　　　　　　版权所有　违者必究

内容简介

以人为中心疗法，植根于著名心理治疗家卡尔·罗杰斯（Carl Rogers）的经验和思想。如今，以人为中心疗法已在英国以及世界各地得到了广泛的实践。这一方法在健康、社会关爱、自愿服务领域，以及在与患有严重心理和情感困扰人群有关的工作中都有广泛应用。《以人为中心疗法：100个关键点与技巧》是一本有价值的参考书，它提供了以人为中心疗法相关研究和实践的一个综述，第二版更新了参考文献，增加了以人为中心疗法新近发展以及未来发展趋势相关的内容。

本书在讨论以人为中心疗法的经典理论之前，首先对支撑以人为中心疗法的原理和哲学思想进行了思考，进而讨论了如下领域的内容。

- 人的模型，包括心理和情感困扰的根源；

- 建设性改变的过程；

- 对以人为中心理论的发展和完善进行了评述；

- 儿童发展、自我加工和自我完型风格；

- 存在品质以及立足于关系深度的工作。

对这一方法的批评观点被强调也被反驳，理论在实践中的应用也被讨论。新增加的最后一部分是关于理论和实践方面的趋势和发展，包括：

- 对抑郁的咨询；

- 以人为中心疗法的社会维度；

- 与经历严重和持续困扰并处于"困难边缘"的人有关的以人为中心实践；

- 对相关研究进行评述。

贯穿本书的是与以人为中心疗法相关的大量研究文献，这些研究正是本书核心价值所在。

《以人为中心疗法：100个关键点与技巧》特别适合心理学专业学生、学者以及以人为中心疗法的从业者阅读参考。对于想充分了解以人为中心疗法（这一主要心理治疗模型之一）的读者也会大有帮助。

作者简介

保罗·威尔金斯（Paul Wilkins），以人为中心方法的专业研究者、实践者及管理者。曼彻斯特大都会大学（Manchester Metropolitan University）资深讲师。

序

"心理咨询与治疗100个关键点译丛"行将付梓,这是件可喜可贺的事情。出版社请我为这套译丛写个序,我在犹豫了片刻后欣然应允了。犹豫的原因是我虽然从事心理学的教学和研究工作多年,但对于心理咨询和治疗领域却不曾深入研究和探讨;欣然应允的原因是对于这样一套重头译丛的出版做些祝贺与宣传,实在是令人愉快的、锦上添花的美差。

鉴于我的研究领域主要聚焦于社会心理学领域,我尽量在更高的"解释水平"上来评论这套译丛。大致浏览这套丛书,即可发现其鲜明的特点和优点。

首先,选题经典,入门必备。这套书的选题内容涵盖了各种经典的心理治疗流派,如理性情绪行为疗法、认知行为疗法、焦点解决短程治疗、家庭治疗等这些疗法都是心理咨询师和治疗师必须了解和掌握的内容。这套书为心理咨询和治疗的爱好者、学习者、从业者铺设了寻门而入的正道,描绘了破门而出的前景。

其次,体例新颖,易学易用。这套书并不是板着面孔讲授晦涩的心理治疗理论和疗法,而是把每一种心理治疗理论浓缩为100个知识要点和关键技术,每个要点就好似一颗珍珠,阅读一本书就如同撷取一颗颗美丽的珍珠,最后串联成美丽的知识珠串。这种独特的写作体例让阅读不再沉闷乏味,非常适合当前快节奏生活中即时学习的需求。

最后,实践智慧,值得体悟。每本书的作者不仅是心理咨询和治疗的研究者,更是卓越的从业人员,均长期从事心理治疗和督导工作。书中介绍的不仅是理论化的知识,更是作者的实践智慧,这些智慧需要每位读者用心体会和领悟,从而付诸自己的咨询和治疗实践,转化为自己的实践智慧。

一部译著的质量不仅取决于原著的品质，也取决于译者的专业功底和语言能力。丛书译者来自中央财经大学社会与心理学院、北京师范大学心理学部等单位，他们在国内外一流高校受过严格的心理学专业训练，长期从事心理学教学以及心理咨询和治疗实践，具备深厚的专业功底和语言能力；不仅如此，每位译者都秉持"细节决定成败"的严谨治学精神。能力与态度结合在一起，确保了译著的质量。

心理健康服务行业正成为继互联网后的另一个热潮，然而要进入这个行业必须经过长期的专业学习和实践，至少要从阅读经典的治疗理论书籍开始，这套译丛应时而出，是为必要。

这套译丛不仅可以作为心理咨询、心理治疗专题培训或自学的参考书，也适合高校心理学及相关专业本科生、研究生教学之用。这套译丛可以部分满足我校应用心理专业硕士（MAP）教学用书的需要。我"欣欣然"地为这套书作序，是要衷心感谢各位译者为教材建设乃至学科建设做出的重要贡献。

心理疗法名虽为"法"，实则有"道"。法是技术层面，而道是理论和理念层面。每种心理疗法背后都是关于人性的基本假设，有着深刻的哲学底蕴。我很认可赵然教授在她的"译后记"中提到的观点：对一种疗法的哲学基础和基本假设的理解决定了一个咨询师是不是真正地使用了该疗法。因此，无论是学习这些经典的心理疗法，还是研发新的疗法，都必须由道而入，由法而出，兼备道法，力求在道与法之间自由转换而游刃有余。技法的掌握相对容易，而道理的领悟则有赖于经年累月的研习和体悟。我由衷期望阅读这套译丛能成为各位读者认知自我，理解人心与人性，创造完满人生的开端。

辛自强 教授、博导、院长
中央财经大学社会与心理学院
2017 年 6 月

前言 PREFACE

本书第一版广受欢迎，我很想对它作进一步的修订，便产生了本书第二版。因为第二版中包括了新的内容，这就意味着要舍弃一些旧版本中的内容，这是一个挑战。但是，以人为中心疗法仍然保留了丰富的和具有创造性的内容。《Person-Centered and Experiential Therapies》杂志持续茁壮成长并跟踪了这一领域新的发展、新的支持性证据以及更多其他内容；像其他出版公司一样，专门出版心理健康类书籍的 PCCS Books 出版公司继续增加他们以以人为中心为标题的产品和产量。和以前相比，有更多国家的和国际性的会议来收集有关以人为中心方法的各种信息。所有这些及其他资源都促成了与以人为中心疗法和以人为中心方法的相关成果的不断增长。我的任务是在保留第一版中所有有价值内容的同时，对这一领域不断增长的成果及相关重要内容作出响应。所以，在本书中你会发现参考文献（因为参考文献曾被评价为一种重要资源，从中可以获得更多信息）已经进行了更新，包括了自从本书第一版出版以来的新出版著作（主要应用于本书的第 1~4 部分），第 6 部分有关生活事件反应处理的内容被浓缩，这样做是考虑到第 7 部分所包含的内容强调了较新的发展、进展和理解，理应扩充。这些较新的进展中，包括在英国新出现的第一种非认知行为疗法（non-CBT），这种治疗形式被作为改善心理治疗途径项目（IAPT）的一部分，该项目强调以人为中心疗法社会性的一面，使以人为中心疗法有效应用于那些经历持久、严重心理疾病的人。同样在本书中，你将会发现与以人为中心疗法相关的最新参考文献。

保罗·威尔金斯
（Paul Wilkins）

第一版前言

20世纪四五十年代，罗杰斯和他的同事们发展出一种当时被称为"来访者中心疗法"（前期称为"非指导性治疗"）的方法。从那时起，围绕最初的概念逐渐形成了一系列相关的方法，主要包括焦点疗法、经验疗法以及过程－体验式疗法。这些方法都将在本书中涉及，尤其在与理论有关的部分会着重讨论。

在英国，本书聚焦的内容通常被称为"以人为中心疗法"，它是一种治疗方法，该方法的理论和实践核心是非指导性态度，该方法被广泛教授和实践。当该方法首次被介绍到英国时，除增加了一些新的思想和实践外，实际上与（经典）来访者中心疗法紧密相关。这些新的思想和实践包括：对以人为中心精神病理学理解的新进展、对建设性人格改变所需要的充分必要条件的再思考、与患有接触缺陷（障碍）（contact-impaired）的人一起工作的相关研究的新发展，以及对治疗师/来访者关系改善有帮助的实质性改进方法。为了聚焦于本书的核心内容，我有意放弃了以人为中心疗法家族中的部分内容，这部分内容主要是治疗过程中将经验（experiencing）作为核心的方法。具体包括源于简德林（Gendlin, 1978 & 1996）工作成果的焦点取向方法（focusing-oriented approaches），以及许多近来被关注的方法，如珀顿（Purton, 2004）的过程－体验式疗法（process-experiential approaches），该方法的基础是赖斯（Rice, 1974）的研究以及赖斯近年来的支持者如格林伯格和埃利奥特（Greenberg and Elliott）（Elliott et al., 2004b）、伦尼（Rennie, 1998）和沃斯利（Worsley, 2002）等人的研究成果。这些方法影响巨大，其使用遍及整个欧洲大陆，《*Person-Centered and Experiential Psychotherapies*》杂志是一个介绍他们原创工作的最好资源（实际上，该杂志论文覆盖了以人为中心方法的全部范围）。本书对焦点疗法、过程－体验式疗法以及相关方法参考较少的原因极为简单，就是它们已足够丰富和多样化，以至于值得用一本单独的书来介绍它们。

所以，在这本书里详尽呈现的100个关键点覆盖了"经典"以人为中心理论，以人为中心理论的最新进展，对以人为中心疗法的批评（也包括对这些批评的反驳），以人为中心实践的原则，有关以人为中心疗法怎样和为什么应用于具体来访者（根据他们对生活事件的反应）的陈述性案例，此外还包括对以人为中心疗法有效性研究证据的一个简短评述。尽管对于绝大多数关键点应该呈现什么样的内容我是清楚的，例如，它们应该包括一个对以人为中心理论的缜密探索，应该覆盖这些方法的主要实践成就，也至少应该包括节选的理论和实践进展的主要趋势，但仅仅精选出100个关键点不是件容易的事儿。我希望我最终的选择能够让读者满意。

当思考和实践应用以人为中心疗法时，本书提供了该方法的综合性认识。本书不仅对受训中的以人为中心治疗师有用，对这一方法的实践者（执业者）以及想要一本包含该方法主要内容的入门参考书的任何其他人也都是有用的。

保罗·威尔金斯
（Paul Wilkins）

目录 CONTENTS

Part 1
第一部分
以人为中心疗法的基本认识论、哲学观及原理

001

1　以人为中心疗法植根于以人为中心方法　002
2　以人为中心疗法发端于对权威和传统观念的尖锐挑战　004
3　以人为中心方法是一个由多种疗法组成的家族　006
4　以人为中心疗法的哲学基础　009
5　支撑以人为中心疗法的非指导性原则　012
6　"权力"以及权力的使用是以人为中心疗法的核心　016
7　以人为中心框架中技术使用的适宜性问题　020

Part 2
第二部分
经典以人为中心理论

023

8　以人为中心的治疗实践都是以罗杰斯及其同道的经验研究与观察为基础的　024
9　实现倾向是以人为中心疗法方法核心中的关键概念　026
10　罗杰斯的"19条建议"以及与以人为中心的变革观念（concepts of change）相一致 的人格理论　028
11　"自我"概念在以人为中心理论中仍然很重要　031
12　价值条件的获得与否是心理与情感困扰的根源　034
13　有关治疗性改变的六个充分必要条件　036
14　对于六个充分必要条件，偏爱其中某个可能都是错误的　038
15　在以人为中心疗法中，对（心理）接触的需要常是被忽视的先决条件，建立接触就是建立关系　040
16　来访者本身的不一致及其在一定程度上对这种不一致的意识（敏感或者焦虑）对治疗来说是一种必要条件　043
17　治疗过程7阶段的划分为治疗师提供了指导，为治疗性改变提供了模型　045
18　为了确保治疗的效果，治疗师必须在其与来访者的关系中是一致的。这里强调的是"是"一致的人而非"做"一致的事　048

19	无条件积极关注是以人为中心疗法能否实现的关键挑战	051
20	共情是对以人为中心疗法治疗师的基本要求	053
21	治疗师的无条件积极关注和共情的有效性取决于他们被来访者所感知的程度	056
22	在以人为中心的理论中，"移情"没有作用或作用极小	058

Part 3

第三部分
回顾与反思：以人为中心理论的优势

23	以人为中心疗法是一种被积极研究和发展中的理论	062
24	以人为中心方法形成之初就根植于对儿童发展、儿童与青少年心理治疗的理解上	064
25	"存在"是指这样一个时刻，各种充分必要条件的整合引起了"转变性"效果	067
26	有人认为，在经典的以人为中心理论中，将"个体/自我"看作独立实体的观点是不完整、被过分强调并受限于文化的	070
27	个体将构成多维度"自我"模型，而并非单一自我模型	072
28	共情被认为是多层面、复杂的，要切记共情理解是有效治疗的关键	074
29	尽管并不被基础假设所提倡，但来访者针对治疗师一致性的沟通和感知最近引起了注意	076
30	无条件积极关注已被重新思考和评估	078
31	以人为中心疗法根植于一个哲学和临床传统：彼得·施密德的工作	080
32	在以人为中心疗法实践中，尽管"诊断"无一席之地，但评估却是必不可少的伦理责任	083
33	以人为中心理论涵盖了理解精神病理的方式，这使其区别于处于支配地位的"医学模型"	085

34　先期治疗与心理接触是以人为中心治疗方式的核心　087

35　来访者的不一致可以以各种方式理解，是心理与情
　　 感困扰的一个诱因　090

36　来访者的加工风格导致心理与情感困扰　092

37　心理与情感困扰源于环境、社会，与权力、无权力感
　　 有关　094

38　在一定程度上，以人为中心实践的延伸紧紧围绕"关
　　 系深度"这一概念　096

Part 4

第四部分
以人为中心疗法的批判与反驳

099

39　建立在误解之上的以人为中心疗法曾饱受诟病　100

40　以人为中心疗法在治疗时并未暗示人的发展存在理想
　　 完美状态　102

41　以人为中心理论中的先进模型不能够解释精神病理学，
　　 并引发了一种非专业的忽视评估的倾向，这种观点是
　　 错误的　104

42　以人为中心理论不认为"人性本善"，也不会在治疗
　　 中因过度乐观而不预见来访者的破坏性驱力并回避
　　 挑战　107

43　罗杰斯提出的充分必要条件曾饱受质疑　109

44　以人为中心疗法产生于特定的文化环境，这一点限制
　　 了它的相关性和适用性　111

45　没有"移情"的以人为中心疗法是苍白空洞的　113

46　非指导性的态度是虚假的，且是对治疗权力的无理
　　 否定　115

47　以人为中心疗法的治疗师在治疗关系中展现出了对权
　　 力的关心是错误的理解和误导　117

48　对于焦虑但健康的人来说，以人为中心疗法是一种缓
　　 和的治疗方法，但对于许多真正"患病"的人来说，
　　 它又缺乏深度和严谨性　119

49 以人为中心实践只是纯粹的"反射",这种技术收效甚微   121

50 因为执迷于"非指导性",以人为中心疗法实践的界限日益模糊   124

Part 5

第五部分
以人为中心实践

51 尽责的以人为中心实践需要强大的理论基础、特定态度和个人特质   128

52 在以人为中心的实践中,"咨询"和"心理治疗"两个词在很多情境中都会出现,两者可以互换   129

53 以人为中心实践的第一步是对以人为中心理论的全面认识   131

54 以人为中心的从业者是与来访者而非病人一同工作   133

55 以人为中心实践的目标是提供一种有治愈性的关系   135

56 以人为中心疗法依赖于治疗师是什么而非治疗师懂什么   137

57 在以人为中心疗法中,与新来访者开启会面是一个卷入和被卷入的过程   139

58 以人为中心疗法的协议和结构   141

59 以人为中心实践的评估   143

60 建立信任   146

61 实践中的非指导性   148

62 来访者是自己的专家,是自我成长和治愈的积极力量   151

63 以人为中心治疗师的工作是跟随来访者,撇开理论认识和其他"专家"知识   153

64 成功的治疗需要所有充分必要条件   155

65	实践中的接触	157
66	治疗师的接触有效性	159
67	来访者的接触有效性	161
68	接触"难以接触"的来访者	163
69	处理来访者的不一致性	165
70	作为治疗师在关系中保持一致和整合	167
71	发展和增强治疗师的一致性	169
72	做一致性回应	171
73	治疗师在多方面的一致性	173
74	治疗师在以人为中心疗法中的自我表达和自我披露	176
75	发展你的无条件积极自我关注	178
76	发展无条件积极关注	180
77	实践中的无条件积极关注：关注来访者的全部	182
78	实践中的无条件积极关注：避免正面强化和偏爱	184
79	实践中的无条件积极关注：避免拯救"无助感"	186
80	接纳来访者的全部：无条件积极关注和自我完型	188
81	发展你的共情	190
82	交流你的共情理解	192
83	促进来访者对治疗师无条件积极关注和共情的感知	194
84	治疗师提供的条件是一个整体：准备、促进"存在"和（或）"关系深度"	196

Part 6

第六部分
有关生活事件反应的以人为中心理论与实践

85	以人为中心疗法和"通用"的方法	200
86	以人为中心方法与来访者生活事件引起的问题	202
87	以人为中心疗法与对生活事件的情绪化反应	205
88	解决生活事件行为反应的以人为中心策略	207

Part 7

第七部分

新发展、优势和理解：为21世纪扩展以人为中心理论

89	在抑郁症咨询中，以人为中心疗法有被实证证实的作用	212
90	以人为中心方法是一种积极心理学	214
91	以人为中心疗法认为精神或者情感困扰来源于所处的社会和（或）环境	217
92	以人为中心疗法有社会维度	219
93	以人为中心疗法很适合遭受严重和持久心理困扰的人	221
94	以人为中心实践和严重持久的心理困扰	223
95	以人为中心疗法的广泛应用	225
96	以人为中心疗法和其他治疗方法的结合	227
97	研究证实以人为中心疗法是有效的	229
98	以人为中心疗法至少与其他疗法同样有效	232
99	以人为中心疗法是一个有活力的、不断发展以满足21世纪人们需要的疗法：经验和超越	234
100	以人为中心疗法还有待继续发展	237

参考文献	**239**
专业名词英中文对照表	**258**
译后记	**263**

# 100 KEY POINTS

以人为中心疗法：100 个关键点与技巧

**Person-Centred Therapy:
100 Key Points & Techniques**

Part 1

第一部分

以人为中心疗法的基本认识论、哲学观及原理

100 KEY POINTS

Person–Centred Therapy:
100 Key Points & Techniques

1

以人为中心疗法植根于以人为中心方法

尽管有时会不十分严密（严谨）地将以人为中心方法（the person-centred approach）当作一种心理治疗方法，但事实上其内涵并不仅限于此。以人为中心方法已经成为一个全球性的术语，这一术语指的是源自于卡尔·罗杰斯（Carl Rogers）及其同事和继任者们，在其工作和思想成果基础上所凝练出的原则的应用，这些工作和思想成果贯穿于他们为人类付诸努力的许多领域。由罗杰斯开创的心理治疗方法仅是其中最令世人瞩目的内容之一，尽管这种治疗方法有多种多样的称谓，如"非指导性疗法"（non-directive therapy）、"来访者中心疗法"（client-centred therapy）以及"以人为中心疗法"（person-centred therapy），因为对这种治疗方法而非对支撑这种方法的思想的高度关注，致使人们经常将其描述为一种"方法"。伍德（Wood,1996:163）就将其称之为"以人为中心方法"：

> 它不是一门心理学，不是一个学派，也不是一项运动或被经常想象出的其他事情。它仅仅是一种"方法"。它是一种心理学的立场或态度，一种存在的方式，人们从这一立场和方式出发来面对一种（特定的）情境。

这种"存在方式"具备以下要素：

- 一种具有模式化导向性倾向的信念；
- 一种助人的愿望；

第一部分 以人为中心疗法的基本认识论、哲学观及原理

- 一种有助于人们有效实现目标的意图；
- 对人类个体的关爱及对其自主性和尊严的尊重；
- 一种思想和行动上的灵活性；
- 一种对新发现的开放性；
- "一种强烈专注并能清晰地把握不断面临的现实问题的能力，以及同时从整体上认知现实的能力"，也可以说是一种分析和综合的能力，或者说是整体认知的能力；
- 一种对不确定性或模糊性的宽容。

"以人为中心方法"不仅仅是一种心理咨询和心理治疗方法（事实上，以人为中心的治疗师并没有对心理咨询和心理治疗这两个概念进行明确区分——参见第52个关键点），而且是一种在关系中存在的方式，这里所说的关系可以是人与人之间的关系，也可以是个人与团体、个人与国家的关系，甚至还可以是个人与行星的关系（Wilkins,2003:3-5）。尽管对这些不同关系的深入思考不是本书的重点，但毫无疑问，以人为中心的理论和实践已经延伸到人类付诸努力的其他许多领域。这些领域包括教育、人际互动关系、政治、文化、社会变迁以及研究方法等。只不过由于以人为中心方法更加关注社会公正和社会变迁（举例而言），所以它对以人为中心疗法有着更加重要的影响。换言之，这一方法的重要内容是对兼具模式化和现实性倾向的"成长"的驱动（参见本书第9个关键点），是对人本质上可信赖、人有自主性、人应该被高度尊敬的重视，也即人能够行使自己拥有的权力（参见第6个关键点）。以上理解和认识揭示了以人为中心疗法的本质。因此，对作为一个整体的以人为中心方法的理解毫无疑问会影响到以人为中心的实践活动。桑德斯（in Thorne with Sanders 2013:9-128）认为就影响的范围而言，罗杰斯的总体影响已经遍及其以人为中心方法应用的广阔领域。

本书的第一部分概述了以人为中心方法的一些基本问题，尤其是与以人为中心疗法有关的理论和实践。

2

以人为中心疗法发端于对权威和传统观念的尖锐挑战

以人为中心疗法最初由罗杰斯与其同事创立于20世纪40年代。从一开始，罗杰斯的目的就是打算对占优势地位的以心理动力学和行为（主义）为基础的心理治疗方法、精神治疗方法以及医学模型提供一套彻底的替代方案。这一方法起初被称为"非指导性疗法"，到1951年，他更喜欢采用"来访者中心疗法"这一术语。20世纪60年代，当他开始将源自于上述方法的原理应用于治疗人际关系的其他领域时，"以人为中心方法"这一术语变得更加流行。这种术语的使用使"以人为中心咨询/治疗"（person-centred counseling/therapy）的说法在英国通常更受欢迎，但是，这种说法也被包含在一个基于来访者中心理论（client-centred theory）的相关方法的"家族"中（第3个关键点）。

在罗杰斯（Rogers, 1942 & 1951 & 1959）对这种治疗方法的各种命名中，表明了对那时流行方法的一种激进的（彻底的）替代方案。单就各种名称而言，罗杰斯想表达的是在治疗中关系的中心地位，其焦点是放在来访者身上而不是理论和技术，关注的是治疗师对来访者经历（经验）的追踪，而不是强加于来访者。进而言之，在他有关疗法改变（1957, 1959）的充分必要条件的表述中（第13个关键点），罗杰斯描述了六个要素，关于这些要素他（Rogers, 1957:101）宣称，如果这六个要素齐备，不管实践者（治疗者）的取向是什么，"不管我们正在考虑的是经典精神分析（classical psychotherapy），或者是任何经典精神分析的现代分支，或者是阿德勒（Adler）的心理治疗，或是任何其他取向"，积极的变化都将会发生。因此，罗杰斯所作出的是一个有关心理治疗的综合性表述，不仅

第一部分 以人为中心疗法的基本认识论、哲学观及原理

仅局限于来访者中心疗法。

所以，理解罗杰斯有关充分必要条件表述的一种方法，是将其作为对所有经过精致化论述的各种各样的治疗方法的理论和实践的一种挑战。"相信你所需要的，假如它与充分必要条件不存在冲突，就做你想做的，但除非六个条件齐备，否则改变将不会发生，如果六个条件具备，建设性改变无论如何都会发生。"不仅如此，罗杰斯（Rogers，1957:101）曾明确表述，心理治疗不是一种特殊类型的关系——在许多其他类型的关系中这些条件也能够被满足。其潜在的含义就是，这些关系也能够被疗法的改变所激发。这里存在一个对心理治疗和精神病学的激进挑战。这一挑战涉及权力以及权力怎样被行使（第5个和第6个关键点）。

以人为中心疗法回避了诊断（但不是指必要的"评估"——Wilkins，2005a：128–145和第32个关键点）和困扰的医学化。但是也存在一些争论，例如，桑德斯（Sanders，2005:21）观点的大意是"咨询师在20世纪50年代已经放弃了由来访者中心疗法（CCT）所占据的激进地位"。正像桑德斯（Sanders，2006a：33–35）所表述和解释的："困扰不是一种疾病"，他（Sanders，2007e）探讨了困扰医学化的以人为中心的替代方案。

以人为中心疗法，像广泛使用的其他心理治疗方法一样，也许可以被看作是具有支配地位的精神病学或"精神病"（psychosis）概念以及"神经病"（neurosis）概念，而不能看作一种心理困扰的"疾病"模型。在当代以人为中心的传统中，有以下四种对待心理疾病 – 健康的态度。这些态度（Wilkins，2005b:43）如下：

① （心理）接触；

② 不一致性；

③ 处理风格；

④ 权力问题。

这些概念（化）不仅仅对精神病和心理治疗职业的医学化要素构成了挑战，而且也挑战了力量强大的医药产业。

3

以人为中心方法是一个由多种疗法组成的家族

基于以人为中心原理的治疗方法是多样的,包括焦点疗法、经验心理治疗、过程-体验式心理治疗以及其他具有创造性和表现性的方法。即使直接源于罗杰斯的(咨询治疗)方法,以及被称为"非指导性疗法""来访者中心疗法""以人为中心疗法"等方法,也随着时间的推移做出了调整和适应。那么,以人为中心疗法有哪些主要特征呢?

桑德斯(Sanders, 2004:155)罗列出了以人为中心疗法的首要原则和次要原则。首要原则是"要求"以人为中心治疗师明确以人为中心方法是一个大家族,次要原则是指在一定意义上可以允许治疗师在实践中采用与20世纪40~50年代明确的经典的来访者中心方法(the classic client-centred approach)相似的方法。这一方法的特征如下。

首要原则

● 实现倾向(actualising tendency)可以放在首位。要求相信改变和成长过程是被实现倾向所驱动的,否则对行动的理解就是一种错误。

● 通过积极、细致地将罗杰斯(Rogers, 1957)的"充分必要"条件包容在治疗中,建设性的、成长性的咨询关系将会得到巩固。

- 非指导性态度也可以放在首位。无论是明确的还是隐含的，任何对经验内容的指导都是错误的。

- （来访者）有自主和自我决定的权力。违背另一个人/别人的内在控制点（locus of control）是错误的。

- 一种"非专家"的态度会巩固与他人的关系。在有关另一个人生活的内容和物质基础方面表达专家意见（的做法）是错误的。从这种意义上讲，至少要以平等作为基础。

- 非指导性态度（the non-directive attitude）和意图处于首位。因为无论如何，无论什么原因，强行将对改变过程的控制与个体实现倾向脱离是错误的。

- 罗杰斯（Rogers,1957）所假定的治疗条件是完全能够遇到的。将其他条件、方法或技术包含进来是错误的。

- 整体观（Holism）——仅仅对机体的一部分作出反应是错误的。

尽管桑德斯根据治疗师和来访者之间的关系表达他的原则，但以人为中心原则，至少可以作为首要原则应用于个体之间的关系、个体与群体关系、个体与社会关系、个体与国家关系、所有种类群体与个体的关系以及群体与所有水平的生态之间的关系等任何关系中。

桑德斯（Sanders,2007a：107-122）曾重新审视了以人为中心疗法和体验式治疗这一"家族"，由此可以解释在不同学者身上看到的核心价值观，进而总结了不同方法的特征：

- 以人为中心/以来访者为中心疗法强调了实现倾向的中心地位，也强调了这种治疗的充分必要条件，并提炼出了非指导性原则；

- 经验式治疗包括焦点取向治疗和过程-体验式心理治疗，在这些治疗方法中，经验居于核心地位，治疗师只是一个专业的过程促进者或指导者；

100 KEY POINTS
Person-Centred Therapy:
100 Key Points & Techniques

● 先期治疗（pre-therapy）——从本质上来讲不是一种治疗方法，而是一种对"接触"存在问题的来访者治疗前进行的技术准备。

"由以人为中心的各种观点所构成的部落"，桑德斯（Sanders, 2012）在其研究中有更充分的探讨。

4
以人为中心疗法的哲学基础

很多人认为以人为中心方法是以一种或多种哲学或认识论范式为基础的。想要从这众多范式中指出一种并且武断地说"以人为中心方法就属于这一种"是不可能的。因此,以人为中心方法并不是"人本主义的"(它也可以被看作浪漫主义范式),即使它曾经被归入人本主义,而且它确实与人本主义之间有一些共同的特征。举例来讲(Spinelli, 1994:256-260),如果说以人为中心疗法属于"人本主义",意味着以下观点被强调:

- 也许对"解释"来访者的经历来讲,当下经验比过去的原因更重要;
- 来访者的整体比一个特定的"问题"更重要;
- 来访者对他们自身经历的理解和解释比治疗师的理解和解释更重要;
- 来访者有自由和能力选择他是怎样的或怎样"生存"的;
- 来访者和治疗师之间是一种平等的关系;
- 从本质上讲,治疗关系,可使精神恢复健康和(或)激励成长;
- 其本质上是自我概念和"自我"的整合;
- 来访者固有的实现倾向和天生的积极本质;
- 来访者核心的整体的自我是个体发展的一种源泉。

但是，以人为中心疗法原则似乎是建立在人本主义心理学（humanistic psychology）（Merry, 1998:96-103）之前，而且可能对人本主义心理学思想的发展有所贡献，而不是从人本主义心理学中产生的。还有，以人为中心理论是一种有机体理论（organismic theory），而不是一种自我理论（self theory）（Tudor and Merry, 2002:92）。也就是说，以人为中心理论涉及构成一个人的生物化学、心理、感知、认知、情感以及人际行为等亚系统，而不仅仅是一个心理的结构，自我也许可以被看作一个特别的、对西方思想来讲独一无二的"嵌入了文化内涵的种族或民族概念"（Sanders, 2006b:31）。

在我看来，以人为中心方法主要来源于现象学（phenomenology）而不是其他哲学分支。这一观点在罗杰斯（Rogers, 1951:483-484）以下两点主张中也有清楚的表达：

① 每个个体存在于一个以自己为中心的持续变化的经验世界中。

② 有机体对他所体验到的和认知到的领域作出反应。对个体来讲，认知到的领域就是"现实"。

库珀和博哈特（Cooper and Bohart, 2013:102-117）探讨了以人为中心疗法的经验和现象学基础，包括如下认识：

● 罗杰斯强调，经验是人类的本质；

● 这种经验观（experiential perspective）以现象学为基础；

● 经验的本质。

显然，试图将以人为中心方法归入一种特定的哲学或元范式（meta-paradigm）是困难的，或者甚至说是不可能的，难道不是吗？原因有以下两点：一是因为以人为中心方法的方法和观点是一种革命性范式（revolutionary paradigm），起源于"反权威或反传统（anti-establishment）"思想；二是因为这一方法贯穿始终，理论始终来源于实践或者根据实践来进行修正。以人为中心方法既不是一种理论驱动的方法，也不是一种与理论无关的方法。只要对这一方法进行明确思考就会完全了解其理论，举例来讲，追踪与西方知识分子有关的以人为中心思想在概念和语言方面发展的痕迹当然都是非常重要的，但是最终，理论的价值更多在于其解释力而不是它的传播。理论付诸实践但是并不能支配实践，或者应该这样说，在遭遇问题的瞬间人们的反应往往是出于当下的察觉。

5

支撑以人为中心疗法的非指导性原则

在许多方面，治疗师持有一种非指导性态度，这一点是以人为中心疗法的基础性和原创性信条；但是，有很大争议的是，这一信条很少在罗杰斯早先有关治疗原则的表述中出现，例如罗杰斯经典的《Counseling and Psychotherapy》（Rogers, 1942）一书中就没有关于这一原则的表述。这些争议绝大多数只是集中于"非指导性"究竟意味着什么的问题。非指导性治疗师是一个"非专家"身份（来访者是关于自己问题的专家），这一点总是与缺少专业知识和技能相混淆。事实上，非常清楚的是，以人为中心治疗师需要具备以某一特定理论为基础的实践知识和技能，尤其是那些来源于罗杰斯有关充分必要条件以及关系存在方式（Rogers, 1957:96, & 1959:213）表述中所要求的知识和技能。另外的争议，所谓非指导性有时在实施中表现为一套消极被动的行为，在治疗中治疗师除了对他所听到的东西作出机械"反应"外，几乎不做任何事情。但共情反应（empathic responding）在经典来访者中心疗法中居于核心地位，因此，非指导性方法对治疗师的要求更多而不仅仅是做出这些简单机械的行为（参见第 20 个关键点）。

罗杰斯（in Kirschenbaum and Henderson, 1990a: 86-87）曾写道：

非指导性咨询（nondirective counselling）基于如下假设：来访者有权力选择他自己的生活目标，即使这些目标与其咨询师为他选择的目标有很大不同。非指导性咨询坚持这样一种观点：如果个体对他自己及其问题有一些洞察力，他很可能会做出明智的选择。

这是一个有关来访者自主权力的表述，也是对人类具有建设性本质的一种信仰。就治疗师而言，它不是要求治疗师处于被动地位，也不意味着这是一种特别的技术。"非指导性"的核心内涵是一种态度而不是一套行为（Brodley, 2005: 1-4）。也就是说，治疗师没有意愿也没有企图要指导治疗的过程或内容，同样没有意愿也没有企图决定治疗的目标或期望得到一个令人满意的结果。

凯恩（Cain, 2002: 366-368）对非指导性这一概念发起了挑战，认为这一概念是僵硬的并且限制了治疗师，进而认为"非指导性既不明确，也不是以人为中心疗法的必要组成部分"。但是，其他人（如 Brodley, 2005: 1-4; Levitt, 2005: 5-16）持有不同观点。格兰特（Grant, 2002: 371-372）关注这一问题，并且提出了对非指导性的两点理解：工具型非指导性（instrumental non-directiveness）和原则型非指导性（principled non-directiveness）。前者"本质上被看作一种促进成长的手段"，而后者"本质上被看作一种尊重的表示"。在格兰特（Grant, 2002: 373-377）的概念体系中，工具型非指导性是"以人为中心"疗法的特征（Sanders, 2002: 155），而原则型非指导性"本质上是来访者中心疗法"（Grant, 2002: 371）。

格兰特（Grant, 2002: 374-375）非常清楚原则型非指导性对治疗师而言，并不是要求其专注于自我放弃（self-abnegation）或者处于被动地位。

从格兰特著作中的观点出发，桑德斯（Sanders, 2006b: 82）用以下方式（稍有改编）描述了对非指导性原则的现代理解：

● 非指导性原则并没有正式出现在罗杰斯的理论中，在其著作中也几乎没有隐含提到过；

● 非指导性原则是一种态度，不是一套行为或技术，对有经验的治疗师来说，它是其治疗特点的一个方面；

100 KEY POINTS
Person-Centred Therapy:
100 Key Points & Techniques

● 通过治疗条件可以反映出非指导性原则，它与所有治疗师的反应都密不可分——这些所有反应应受到非指导性原则的"调节"。

尽管在某种程度上，原则型非指导性所基于的那些伦理道德已足以证明其正当性，但桑德斯（Sanders,2006：84-85）指出，关于非指导性治疗的获益问题仍是存在各种争议的。

与此相关还需要说明的是，即使罗杰斯意识到在他生活的时代中存在关于非指导性的争议，即使凯恩（Cain,2002：366）的观察报告显示，"非指导性"一词并没有出现在任何罗杰斯1947年之后出版著作的标题中，但罗杰斯晚年大概是坚持这一原则的。在埃文斯（Evans,1975：26）的著作中，曾看到罗杰斯的如下表述：

我仍然认为应该指导来访者人生的是来访者（自己）。我的所有哲学和所有方法是为了增强来访者的存在方式以及使他掌控自己的人生，我从未说过意图将能力或机会从来访者身上拿走。

因此，非指导性态度自始至终都围绕着治疗关系中的权力问题，并围绕着一个信念：将权力赋予另一个人（即使是出于良好的意愿）实际上总是与治疗背道而驰的。

对以人为中心疗法来讲，格兰特（Grant,2002）对非指导性的核心进行了重新梳理，梳理结果如下：

● 是关于非指导性的历史和理论观点；

● 是个体心理治疗中的非指导性态度；

● 是超越个体心理治疗的伦理准则及其应用。

尽管弗莱雷（Freire,2012:171）曾说，她建议就"以人为中心和经验治疗"的非指导性原则编辑一期特刊以呈现一种多样化的反应（观点），作为特邀编辑，她为杂志的两个版面（2012,11卷，第3版和第4版）征集到了足够数量的论文。这些论文中就包括了萨默贝克（Sommerbeck,2012:173–189）对指导性背景中的非指导性原则的思考，博扎思（Bozarth,2012:262–276）重提罗杰斯理论中非指导性原则"崭新的前提"，以及穆恩和赖斯（Moon and Rice,2012:289–303）撰写的非指导性态度的伦理约束。

6

"权力"以及权力的使用是以人为中心疗法的核心

在人类关系研究中,权力(Power)及其影响是个悬而未决的问题。如何理解权力及其影响力与理论和哲学立场有关,也与实践经验有关(Proctor et al.,2006,从以人为中心观点对权力的思考)。我们中的任何人都无法将我们自己与权力脱离开来(或者说缺乏权力),因为权力是与性别、阶级、能力、财富、种族、教育、职业角色等一并赠与我们的。所有这些因素影响了以人为中心疗法的实践,因此必须予以承认并引起关注。但是,现在冒着显得天真浅薄的风险先把它们放在一边,因为最具根本性的以人为中心态度(person-centred attitude)以及治疗关系中的"权力"等问题更值得我们探讨。

像第5个关键点中表明的,对以人为中心治疗师而言,治疗关系中的权力长久以来一直是一个富有争议性的难题。所有方法都建立在以下假设基础之上:治疗师作为一个"专家"出现,或至少在某种意义上表现出他们知道对来访者什么是最好的,这些做法都是与治疗背道而驰的。这就涉及在治疗关系中谁拥有权力以及权力的本质问题。由于治疗者追随的以人为中心家族中的分支不同以及个人的解释不同,对权力意味着什么这一问题的理解也存在相当大的差异。至少对那些在"经典"来访者中心传统领域的实践者(或接近这一领域)来讲,这也是一个关键的伦理问题。例如,西林(Shlien,2003: 218)将来访者中心方法(the client-centred method)作为唯一的"正派(或高尚)"方法进行了描述,我(Wilkins,2006:

12）也曾经描述在一个以人为中心框架下对治疗实践的选择，可被看作"做出了一个伦理选择，表明了一种道德态度"。这涉及权力的一个方面——但是，权力有许多形态，有些是温和的、善意的，有些则不是。

我（Wilkins, 2003：92）曾经认为，对一个以人为中心治疗师而言，本质上最为有效的是，作为一个拥有权力的个人在治疗关系中要充分呈现自己，而不是否定或克制治疗关系中的个人权力。这引发了一种义务：要强烈意识到治疗关系中的权力并力求采用一种建设性的、有影响力的方法来行使权力，但是必须自觉地避免指导和支配其他人。这与纳蒂艾洛（Natiello, 2001：11）的观点是一致的，她说："我相信，为了促进治疗关系，一个治疗师需要带着一种强烈的自我意识和个人权力。"另外，纳蒂艾洛（Natiello, 1987：210）对个人权力的界定如下：

> 根据人们自己的意志而非外在的控制进行有效行动的能力。它是这样一种状态，在这种状态中，个体意识到并能够按照他或她自己的情感、需要以及价值观行动，而不是指望别人来指明方向。

可以这样认为，个人的权力是与生俱来的——人类天生具有自我指导的能力。环境因素（例如价值条件——第 12 个关键点）可能会导致人们失去对其个人权力的感知，但是，只要给予恰当的条件，个人权力就可能会被重新发现或重新找回。但是，控制另一个人的观点是荒谬的，因为这种观点将牵涉到权力的行使问题，但是我们又会对另一个人"做"一些事情，因此说这是一个矛盾。罗杰斯（Rogers, 1977：289）写道："这种方法给予了来访者权力，这种说法是错误的，因为权力从来没有被拿走过。"同样，格兰特（Grant, 2002：374）也指出："来访者中心疗法中所谓的解放（或自由）是通过尊重来访者，将其作为一个有自主性的人来实现的，不是通过将他们变成自主性的人来实现的。"因此，以人为中心疗法的治疗师要避免降低来访者的自信，这是非指导性态度最重要的一点。

100 KEY POINTS
Person-Centred Therapy:
100 Key Points & Techniques

普罗克特（Proctor, 2002:84-103）充分探讨了以人为中心疗法中的权力问题，其观点如下：

● 赞同非指导性态度导致了治疗中权力动力观点（the dynamics of power）出现严重分裂；

● 表明治疗师行使权力（根据共情性理解的需要）能够使来访者获得解放（自由）；

● 明确讨论了在以人为中心方法中治疗的启蒙价值，这促进解决了在面对来访者时去权力化（disempowerment）缺乏的问题；

● 表明治疗师的意图对接下来治疗工作的重要性，但是不能解释来访者的经验，应该做好准备让来访者"自我披露"，这促进了一种平等治疗关系的建立。

她也警告了忽视治疗师角色中隐含权力的危险性：

有不同的权力依附于来访者角色和治疗师角色，因此，这种不平等在治疗机构中已形成。似乎是这样，以人为中心理论也许是以忽略权力结构对来访者的影响效应为代价，强调了来访者的力量（the agency of individuals）。以人为中心治疗师忽视结构性权力（structural power）的潜在意义是，他们错过了帮助来访者远离他们自己态度（状态）的机会，他们可能也低估或误解了任何权力结构对来访者人生的影响。

普罗克托得出结论："以人为中心疗法无疑挑战了治疗师角色和来访者角色中基本的不平等""以人为中心疗法（PCT）对心理疾病的正统模型也是一种激烈的和潜在性的挑战与质疑"。虽然她认同由罗杰斯所描述的促进条件会倾向于提高人的权力意识，但她也警告说，从这一观点看，聚焦于平等可能是危险的，因为这可能导致忽略权力的其他方面。她特别关注结构性权力问题，尤其是依附于治疗师角色中的结构性权力。

治疗中的权力也是普罗克特等(Proctor et al., 2006)著作中一些章节的讨论焦点,在许多章节中都对此有一些思考(Proctor, 2006:66-79)。

7

以人为中心框架中技术使用的适宜性问题

因为被看作是与非指导性原则存在冲突（第5个关键点），并牵涉到治疗师权力的行使问题（第6个关键点），在以人为中心疗法中有关技术的使用问题，至少可以这样说，也极富争议性。从某种程度上讲，有人认为对以人为中心疗法来讲，任何技术的使用都是不适宜的（Fairhurst,1993:25–30）。这是因为，从经典来访者中心观点来看，治疗师的唯一角色就是听取来访者的经历和过程，做任何其他事情可能都是与治疗背道而驰的。但是，也有许多人虽然采用了"以人为中心"的标签但却背离了传统的观点。举例来讲，经验疗法和焦点疗法治疗师在指导来访者将其注意力转向其经历和过程方面的观点没有问题，但其他人却依靠一系列创造性的和具有表达力的技术积极主动地介绍了咨询治疗活动。例如，娜塔莉·罗杰斯（Natalie Rogers, 2007: 316–320）描述了"以人为中心表达性艺术治疗（person-centred expressive arts therapy）"，西尔弗斯通（Silverstone, 1994: 14–18）则讨论了以人为中心的艺术治疗（person-centred arts therapy），在威尔金斯（Wilkins, 1994: 14–18）的研究中，我做了一个以人为中心的心理剧（person-centred psychodrma）个案。

博扎思（Bozarth,1996:363）对于技术的使用采取了一个"是的，但是"的态度。他的意见是，当理论妨碍技术的使用时，在一个以人为中心的方法中也许可以这样做。他对技术的犹豫态度是基于这样的事实：技术的使用可能使治疗师的世界与来访者的世界发生混乱。换言之，治疗（可能）会从以人为中心转向以技术为中心。布鲁德利和布罗迪（Brodley and Brody, 1996:369, 373）得出了一个相似的结论，

第一部分 以人为中心疗法的基本认识论、哲学观及原理

但也证明，如果"技术是治疗师拥有了一种诊断心态的结果"，那么技术就不适合"真正的以人为中心的心理治疗"。罗杰斯（Rogers,1957:103）将这些技术的应用，如"人格动力学解释（interpretation of personality dynamics）、自由联想（free association）、梦的解析（analysis of dreams）、移情分析（analysis of the transference）、催眠术（hypnosis）、生活风格解释（interpretation of life style）、劝导（suggestion）等"都看作"没有必要的价值"。

罗杰斯怀疑的主要是解释技术，这些技术使治疗师专注于从他们自己的参照框架进行干预。这似乎也是费尔赫斯特（Fairhurst）、博扎思以及布鲁德利和布罗迪等人对技术使用采取保留意见的核心原因。非常清楚的是，围绕治疗师和他们自己参照框架的任何事情在一定程度上不同于以人为中心疗法。但是，以人为中心的表达性治疗师，以人为中心的艺术治疗师，甚至也包括以人为中心的心理剧治疗师，他们所采用的"技术"（举例）可以被看作沟通和(或)探索技术，并不是解释(技术)。例如，娜塔莉·罗杰斯（Natalie Rogers,2013:239）认为，表达性艺术在许多方面增强了治疗关系，因为它使多种内在过程发生成为可能。还存在的一种观点是，经典的来访者中心治疗师的"对我讲"（talk to me）实际上隐含的导向（direction），与以人为中心的表达性治疗师的"和我一起跳舞"（dance with me）或者"和我一起画画"（draw with me）所体现的"导向"并不存在差异。人们可以通过多种媒介来沟通和表达他们自己，而限制他们只采用一种渠道来沟通和表达也许是错误的。也许更为重要的是，不管采用了何种特定的媒介，治疗师的注意力应该聚焦于通过移情和无偏见所反映出的来访者经验。

100 KEY POINTS

以人为中心疗法：100个关键点与技巧

**Person-Centred Therapy:
100 Key Points & Techniques**

Part 2

第二部分

经典以人为中心理论

8

以人为中心的治疗实践都是以罗杰斯及其同道的经验研究与观察为基础的

以人为中心疗法的创建者曾经自诩这是一套在对实践进行经验观察后建立起来的理论。罗杰斯和他的学生将自己看作是通过积极研究，为他们的理念和实践寻求理论基础的科学家。柯申鲍姆（Kirschenbaum，2007：197-210）讲述了罗杰斯的早期心理治疗经历并指出"当罗杰斯提出要在心理治疗方面进行研究的时候，并没有先辈的经验可以借鉴"。

较早进行创新研究的并不只有罗杰斯。据巴雷特·伦纳德（Bareettd-Lennard，1998：11-12）的记录，在20世纪40年代，罗杰斯（Rogers）的每一位学生都提供了"一种在心理治疗方面前所未有的方法、技术或理论新发现"。麦克劳德（McLeod，2002：88）写道：

> 罗杰斯是对来访者中心疗法的过程与结果进行系统化研究的领跑者。以来访者为中心的研究团队是现今所有心理疗法研究团队中最为庞大的。

罗杰斯的第一个目标是尝试去理解治疗的过程以及是什么因素带来了建设性的改变。罗杰斯(Rogers，1967：244)在构架来访者中心疗法理论时，并不是"将该理论作为教条或者真理，而是将其作为一种对假设的陈述，作为一种增长知识的工具"。支撑来访者中心疗法理论的概念总是从治疗经验和理论的角度被不断修正的。这使得罗杰斯得出了一个对于不管来自哪个流派的任何一种成功的咨询关系（Bozarth，1996：25-26；Wilkins，1999：57-58）的充分必要条件假设，而不仅仅是对于以人为中心的实践程序。

最容易理解的大量研究都包含在罗杰斯1951年发表的著作中。这些研究内容包括关于治疗技术和态度、对自我和自我概念本质的陈述、实施治疗的过程和结果、治疗师的培训以及有关治疗过程和来访者"改变"的研究。该著作中还包含了支持基本假设"有关个体自我激发（self-initiated）、建设性掌控围绕生活场景中问题的能力"的证据的评述，以及大量罗杰斯的早期研究（Rogers，1967：247-266）。正是在这些早年研究中，支撑以人为中心方法的理论构建最开始被陈述出来。经过19世纪40年代的发展，就像罗杰斯陈述的那样（Rogers，1951：15），那些研究来访者中心疗法的理论构建都曾经聚焦于自我本质。例如，罗杰斯（Rogers，1951）最为精彩的"人格理论"陈述来源于治疗经历、对阐明自我本质的研究以及治疗过程。这一陈述以19条建议的形式呈现（见第10个关键点）。但是，仍然有一些非指导性方法（non-directive approach）。

另外一篇里程碑式的文章是罗杰斯1957年发表的论文以及他在1959年所写的章节。在其1959年的著作中有关于治疗理论和人格改变理论、人格（包括儿童发展）理论和人际关系理论的综合性表述。罗杰斯（Rogers，1957）以对假设及其含义的论述形式进行体现，文章引用了经验观察方面的内容来支撑这个假设。罗杰斯（Rogers，1959）对这个假设进行了更充分的论述，并对以人为中心理论中许多其他要素进行了假设。在每一个论述之后，罗杰斯都首先进行了点评，然后都会给出相关证据以支撑这个假设。在本文的最后章节，罗杰斯（Rogers）回顾了"研究内容的理论系统"并指出研究了哪些内容以及使用了怎样的方法。

9

实现倾向是以人为中心疗法方法核心中的关键概念

在以人为中心疗法的理论和实践层面上，认为来访者有一种与生俱来的倾向构成了成长、"建设性人格改变"（constructive personality change）（Rogers, 1957: 96）、成就潜力（achievement of potential）等方面的唯一力量。这一力量被称为实现倾向。对于这种倾向，罗杰斯（Rogers, 1951: 487）认为人类"有一种基本的倾向和努力方向——去实现、维护以及增强处于经验中的有机体"（the experiencing organism）。然而，从罗杰斯后来的著作中（Kirschenbaum and Henderson, 1990a: 380）和巴雷特·伦纳德的评论文章（Barrett-Lennard, 1998: 75）中可以明显看出，这种实现倾向不能被视为人类独有的特征，而是"普遍存在于复杂的生命形式中"。

作为"以人为中心疗法的主要原则"中的第一个原则，桑德斯（Sanders, 2004: 155）明确指出实现倾向的首要地位。他进而指出"信仰或根据信仰去行动是一种对疗法的误解，因为这样的话治疗中的变化进程将不是由受访者的实现倾向所激发的"。因此实现倾向被定义为以人为中心方法的根本。

实现倾向是所有有生命的事物共同拥有的一种生物力量。它将所有有机体引向生存、维持、成长，这里的成长被认为是复杂性的增加与潜力的实现。博哈特（Bohart, 2013: 86）认为实现倾向是遗传的。在以人为中心的理论中，实现倾向是人类和其他种类生物发展和行动的唯一动机。在传统的以人为中心疗法中，人类的实现倾向推动有机体（即构成人的生物化学的、生理学的、感知觉的、认

第二部分 经典以人为中心理论

知的、人际的、行为的子系统的总和)去增强独立性和发展联系。尽管这起初看起来是矛盾的,但事实上这只是一个人迈向心理上的自由,从而能开放和诚实地面对自己的遭遇。此外,不受约束的联系(unfettered relating)的倾向越来越明显,这看起来更接近一种相互影响的、平等的、"操纵"不起作用的关系。同时因为人类具有一种固有的社会性质,因此在最优条件下,实现倾向使人类向着建设性的社会行为方向推进。然而罗杰斯(Rogers,1959:196-197)明确地表示,随着个体发展出一种自我结构,那么实现"在有机体的经验中那部分被表征为自我的实现化过程中,表达自我"就成为普遍倾向。这就是自我实现倾向。当自我和有机体经验之间存在显著差异时,自我实现倾向可能与实现倾向产生冲突,从而产生不一致的状态(见第11个关键点)。罗杰斯扩展了他在《*On personal Power*》(Rogers,1977:237-251)一文中对实现倾向的理解,《罗杰斯》一文(Rogers,1963:1-24)也扩展了对动机和意识的理解。

实现倾向可以被看作是从形成倾向(formative tendency)中冒出的雨后春笋,形成倾向是指在整个自然世界中发现的向着增强顺序性、复杂性和相互关联的方向发展的一种倾向,并且被假定为是普遍的(字面上)。罗杰斯(Rogers,1980:134)认为,对他来说,形成倾向是"以人为中心方法"的哲学基础。在形成倾向的概念中隐含着所有事物的关联性,因此这在实现倾向中必然也是真实存在的。

莱维特(Levitt,2008)收录了再版的由罗杰斯、博扎思(Bozarth)和玛丽(Merry)提出的实现倾向历史背景的章节,以及以人为中心的理论中关于人类潜能当代探索的一个部分。在这一部分中,对实现倾向和形成倾向有一些深入思考。

10

罗杰斯的"19条建议"以及与以人为中心的变革观念(concepts of change)相一致的人格理论

罗杰斯(Rogers,1951:483-522)的以人为中心理论在有关人格与行为方面共提出了19个命题。桑德斯(Sanders,2006b:17)用言简意赅的语言对这些理论陈述进行了解释:"它关系到人类的心理发展,人类精神生活的本质,人格的建构以及人格结构在什么情况下可能会发生解体,心理压力的本质,以及如何从压力状态恢复到正常水平。"

除了罗杰斯对这些命题的原始表述之外,玛丽(Merry,2002:34-37)以及图德(Tudor,2002:98-99)用"一些虽然表述方式上不同于原命题,但是我们更熟悉的名词解释"对这些命题进行了简单的概括。

这19个命题证明以人为中心的观点在不断发展,即人格是变化的而不是固定的。该理论明确表示,有害的和(或)抑制早期经历会引起"价值条件"(conditions of worth)(见第12个关键点),并会造成心理或精神上的压力。但是人们具有朝着"机能健全"(fully functioning)的方向自我调节的潜力。

罗杰斯(Rogers,1959:221-223)进一步地将以人为中心的人格理论进行精炼和重申,认为对于人格应考虑到以下几个方面:

第二部分 经典以人为中心理论

- 人类婴儿时期假定的特征（postulated characteristics）；
- 自我的发展；
- 对积极关注的需要；
- 对自尊需要的发展；
- 价值条件的发展；
- 自我与经验不一致的发展；
- 行为差异的发展；
- 威胁体验与防御过程；
- 崩溃与失调过程；
- 重新整合过程；
- 在人格理论中功能关系的标准(specification of functional relationships)。

罗杰斯进一步考虑了人格理论的研究证据。

通过整合罗杰斯理论陈述中的观点，桑德斯（Sanders，2006b：21-24）认为以人为中心的人格理论有以下特征。

- 现象学理论：它强调了个体的主观世界和经验世界。
- 感知觉理论：因为现实自我基于对世界的感知，所以感知觉的改变会导致经验和行为的改变。
- 人本主义理论：它根植于"一个拒绝了所有超自然主义并且依靠理性和科学、民主及人类同情能力的自然主义哲学"。
- 整体论：有机体是核心——人类（不只？）是他们所有构成成分的整合。

100 KEY POINTS
Person-Centred Therapy:
100 Key Points & Techniques

- 潜力的实现、成长导向的理论：从以人为中心的角度来看，"恢复"的含义不是"治愈""修补""重新编程"，而是成长或者发展出一种新的生存方式。

- 过程理论：人格与自我都不是固定不变的，人是一种过程而不是一个状态。

第二部分　经典以人为中心理论

11

"自我"概念在以人为中心理论中仍然很重要

虽然以人为中心理论关注的是"有机体"的概念，即有机体是由生物化学的、生理的、感知觉的、情绪的、行为的以及相关的子系统共同构成的完整的个人，而不单单是"自我"（Barrett-Lennard, 1998:74-76; Rogers, 1951: 484-488; 1959:221; Tudor and Marry, 2002:91-93）；图德和玛丽（Tudor and Merry, 2002:92）也提出虽然以人为中心理论可以理所当然地被视为一种机体心理而不是一种自我心理，但自我的概念仍有其重要性及接受度。

以人为中心理论家不断对自我进行再定义（比如，根据量子力学），并挑战了"文化界限"的概念（Wilkins, 2003:30-34），应当承认"自我"是一个过程，是流动的而不是固定的，在经典的来访者中心理论中，这个词有两种主要的使用方式。首先，这里有一种新兴的或者说得到进一步发展的自我概念。罗杰斯（Rogers, 1959:200）认为：

这个有组织的、一致的完形结构的构成成分包括：有关"主体我（I）"或"客体我（me）"的特征的概念、从"主体我"或"客体我"对待他人的特征、感知到的"主体我"或"客体我"对待生活中各个方面的特征，以及依附在这些感知上的价值观。它是一种可用于意识加工但并不一定会被意识察觉的完形结构。虽然它是一个流动、变化的完形结构，是一个过程，但在任何特定时刻它都是一个特定的实体。

100 KEY POINTS
Person-Centred Therapy:
100 Key Points & Techniques

在某种程度上，这种"自我"，即经验自我（experiencing self），区别于与环境尤其是环境中重要他人相互作用后得到的有机体（更像一个婴儿一样，对经验完全开放）。图德和玛丽（Tudor and Merry, 2002:126）对此补充道："自我是内在的、有反思意识的经验个体。"这种概念化的自我也许可以等同于个体（individual）。

第二，还有一种自我概念，用最简单的话来说，即一个人对自我的观点（the view one has of one's self）。这种概念更倾向于认为，是否能充分发挥作用取决于有机体与自我概念的一致性程度。如果一个人在这两者之间体验到明显的差距就会感到焦虑，至少也会感到一定程度的情绪困扰和人格执拗（rigidity of personality），而两者较一致的人则将会被实现倾向所推动，向一个机能健全者（fully functioning person）的方向发展。与自我概念有关的是"理想自我（ideal self）"（Rogers, 1959:200），即一个人最想拥有的自我概念。在治疗方面，来访者本身或许就具尽可能接近理想自我的意图，但理论认为自我与有机体之间较高的一致性更有助于困扰的缓解。

博哈特（Bohart, 2013:88）将"自我"理解为"正在进行的，与自身各个方面相联系的，试图建立一种对自我的信任关系"。这种概念接近于"机能健全者"，而且可能会被视为一种经验自我与理想自我的整合。

罗杰斯（Rogers, 1959:223-224）对自我的发展作出了解释。他告诉我们，作为实现倾向的一种功能，一个个体的部分经验是怎样在一种存在意识和实用意识的条件下变得差异化和象征化的。他称这种意识为"自我经验"（self-experience）。通过与环境特别是生活中重要他人的相互作用，这种意识的表达会发展成为自我概念。随着这种意识的出现，个体会发展出一种对积极关注的需要。罗杰斯（Rogers, 1959:223）认为这种需要"在人类当中是普遍的，并且对个体来说具有普遍性和持久性"。这种对积极关注的需要很强大，它可以超越有机体评估过程或者实现倾向的作用，使个体从成为一个机能健全的人的发展方向上产生偏离。随着个体的不断发展，会产生对自我关注（self-regard）的需要。图德和玛丽（Tudor and

Merry，2002:130）认为自我关注就是自尊（self-esteem），并将自尊定义为"个体对自身价值的认识会反过来依赖于附加了价值或尊重的自我概念"。

更严谨地说，自我关注是对个体经验的积极关注，独立于与社会他人交往中（无论令人满意还是沮丧）的积极关注。罗杰斯（Rogers，1959:224）在书中写道：对自我关注的需要"从自我经验与对积极自我关注需要的满足或挫败的结合中发展成了一种学习需要"，并且"个体因此需要独自体验或丢弃通过任何社会他人获得的积极关怀，个体在某种意义上成为自己的重要社会他人"。换句话说，个体对自身的态度不再直接取决于他人。当自我经验的寻求或者避免仅仅是因为自尊的增强或者减弱，那么这个人应该已经获得了"价值条件"（第12个关键点）。

12

价值条件的获得与否是心理与情感困扰的根源

个体对积极关注有一种需要（第19个关键点），尤其是对于从"重要他人"（significant others）（即在临时环境中的重要个体，比如父母和其他主要的照顾者）得到的积极关注。随着自我的发展，玛丽（Merry, 2002:25）指出个体也会产生对积极自我关注的需要，这种需要对于"建立我们对自己内心经验的准确性和可靠性的信任感"很重要。也就是说积极自我关注允许个体信任他们自身所体验到的对世界的感知觉和评价。从以人为中心理论的角度来看，这种状态存在一种内部评价机制。然而，个人需要来自他人的积极关怀（如关心、保护、养育），他们对这些关怀的需要如此强烈，以至于当爱或接受的需要被拒绝或威胁被拒绝时，这种经验的内在评价能够轻易被摧毁——也就是这些关怀是"条件性的"。所以，为了获得并维持他人的积极关注，个体会忽视或者抑制那些与他人的需求和意见相矛盾（或者只是看起来相矛盾）的内在经验方面的表现，因为如果不这么做，就可能会导致重要他人的爱和接纳撤离的风险。在这种情况下，个体的接纳感和自我关注感依赖于他人的评价。他们发展出一种"外部评价机制"，怀疑甚至完全放弃内在经验。通过这种方式，个体学习到只有在符合他人的需要、期望和积极评价时，才会体验到被接纳、被喜欢以及对他人的重要性，即"有价值的"。通过这种方式就能够获得"价值条件"。为了维持一种存在价值和接纳感，个体会根据如何更好地符合他人的价值条件去寻求或者避免一些经验。与价值条件相匹配的经验会被感知为准确的和可接受的；而不匹配的经验被感知为一种威胁，从而被曲解（distortion）或者否定（denial），（"曲解"和"否定"是经典以人为中心理论中的两个"防御机制"，见 Rogers,1959:227)。这导致自我、经验、行为的"不一致"(见第 16 个关键点)。(注:还有其他一些命题与不一致的原因有关,见第 35 个关键点。)防御的过程导致一些情感或心理压力的出现,罗杰斯(Rogers,1959:228)列出了表现形式:

> 不仅包括通常被视为神经质的行为——合理化、补偿、幻想、投射、强迫、恐惧症等,而且还有一些通常被视为精神病、特别偏执的行为以及类似紧张的状态。

然而,有时候防御的过程并不能成功运行。这可能会导致一种失调的状态(Rogers,1959:229),它假定这可能会导致急性精神崩溃。因而由价值条件引起的失调可以被视为情感压力和心理压力的根源。来访者体验到的不一致感导致了脆弱或焦虑的感觉,这是罗杰斯(Rogers,1959:213)建设性人格改变中的第二个"充分必要条件"(第 13 个关键点)。

尽管这在理论上是可行的,即一个人如果只经历无条件积极关注(unconditional positive regard),就不会产生价值条件,那么在来自于他人的积极关注与积极自我关注之间就不会产生矛盾。但这一假设永远不会发生在现实中。

13

有关治疗性改变的六个充分必要条件

以人为中心理论最普遍的错误假设之一认为,三个"核心条件"(通常被称为"共情"(empathy)、"一致性"(congruence)、"接纳"(acceptance)或者"无条件积极关注"(unconditional positive regard))在实践中的应用定义了以人为中心疗法。然而事实并非如此。对于有关治疗性改变(Rogers,1957:95–103;1959:213)的充分必要条件的著名假说共包括六个陈述(Rogers,1957:96)。

(1) 双方心理接触。
(2) 对来访者的定义是:处于一种不一致的状态,感到脆弱或者焦虑。
(3) 而对治疗师的定义是:在关系中是一致的或者协调的。
(4) 治疗师要使来访者感到被无条件积极关注。
(5) 治疗师要对来访者的内在参照标准有一种共情理解,并且努力向来访者传达这种体验。
(6) 治疗师对于来访者的共情理解与无条件积极关注的传达是向治疗成功迈出的第一步。

罗杰斯认为,如果这些条件都具备了,那么不管治疗师的取向是什么,积极性改变都会出现,因而他做了一个综合的表述。从以人为中心的角度来看,这解释了为什么在对不同治疗方法（e.g.Stiles et al., 2006）有效性的比较研究中，并没有发现它们之间显著的差异。假设（assumption）中提出，当假说中（hypothesis）的充分必要条件被满足，并且在治疗师的特定治疗风格中其他因素不与来访者存在显著冲突，那么治疗的效果基本上是一致的。重要的是，这个假设取决于所有的六个条件而不仅仅是所谓的核心条件。排除其中任何一个条件，这个命题都不成立。罗杰斯（Rogers, 1957:100）很明确地指出："如果这六个条件中有一个甚至更多的条件没有出现，建设性人格改变就不会发生。"尽管在罗杰斯著作（Rogers, 1959:213）中，这些条件略有不同，但这对于基本假设来说无关紧要（Wilkins, 2003:64-65），仍适用于相同的论点。在1959年的文章中，不仅包括了对成功治疗的充分必要条件的综合表述，还包括关于以人为中心理论的表述。

假设中提出，只要具备"核心条件"就会导致人们行动、书写和思考（act, write and think），似乎这些才是必不可少的或者至少在某种程度上它们比另外三点更重要。事实上，无论是在罗杰斯最初的假设还是书中的其他地方，这些条件无论是在表述上还是暗示上都没有等级顺序。然而，罗杰斯（Rogers, 1957:100）提出了进一步的假设："如果所有的六个条件都存在，那么条件2~6存在的程度越大，在来访者身上表现出的建设性人格改变就会越明显。"这仍然意味着充分必要条件的集合与组合（Tudor, 2000:33-37）。当尝试对以人为中心疗法进行评估时这是非常重要的，因为通常情况下，仅仅单独或者同时关注共情理解（empathic understanding）、一致性（congruence）和无条件积极关注这些治疗师方面的条件，是不能将假设用于测试中的。

14

对于六个充分必要条件，偏爱其中某个可能都是错误的

如第13个关键点所述，关于充分必要条件假设的成立取决于所有这些条件是否同时存在。即便这样，我们通常认为"一致性优先"（congruence takes precedence）[例如：罗杰斯在接受霍布斯（Hobbs）采访时所说，1989:21]或者无条件积极关注（UPR）是治疗的条件（e.g.Bozarth, 1998:83），描述是共情治疗的方法（e.g.Warner, 1996:127-143），共情或无条件积极关注产生的沟通和感知有助于建设性人格改变（e.g.Wilkins, 2000:33-34）。然而，在某些方面，这些陈述是没有用的甚至是误导性的，当然，它们似乎是容易被误解的。从罗杰斯最初的构想可以清楚地发现，不会有一种条件比另一种条件更重要。所以到底如何以及为什么人们会得到似乎与之矛盾的陈述。

在接受霍布斯（Hobbs, 1989:19-27）采访时，罗杰斯确实表明了一致性优先，然而这是一个有所保留的声明。他实际上说的是："共情对于与另外一个人的接触是很重要的，但是，如果你有其他的感受，一致性优先于其他。"说到这里，我产生了两个想法。第一，如果只是治疗师自己有感觉，而没有产生对其他人经历的共情，那么一致性优先于其他。由此推论出，有时候因为一些情感、想法或者感觉，治疗师会以自己的经验为参考框架，所以，如果治疗师不能与来访者的经验世界保持接触，那么就应该做一些其他的努力了。霍（Haugh, 2001:7）提供了一些判断标准。也许在这种情况下发生的是，治疗师通过从自己的参考框架中说一些或者做一些事情来抵制或者避免不一致性，从而使得他们能够产生共情并且接纳来访者。第二，

"一致性"和"重要性"之间存在一些混淆。首先出现的并不比后面出现的更重要，一致性之所以位于其他咨询条件之前，仅仅是因为如果没有它，来访者就不会相信其他的一切，治疗师很难或者不可能把握来访者。所以，并不是一致性比其他条件更加重要，而是，如果他们的共情和无条件积极关注要使来访者认为是值得信赖的，那么，治疗师必须在与来访者建立关系之前做到保持一致性。

至于被明确了的或者暗示中的更重要的其他条件，情况会变得更复杂。有时候，对一种条件明显的倾向性与一致性的情况相类似。例如，罗杰斯（Rogers, 1959:208）写道，无条件积极关注"在带来改变方面看起来是有效的"，或者博扎思(Bozarth, 1988:83)认为它是"来访者中心疗法中的治疗因素"，它们不排在其他条件之上。在这里发生的关于共情和治疗师条件的沟通或者感知的类似陈述，更像是对理解和解释治疗性变化过程的尝试。这正是罗杰斯在设立六个条件时所做的事情。然而从经验和理论方面来考虑，我相信把治疗师的条件认为是单一的并与其他条件相互独立的这种看法是错误的。正如博扎思（Bozarth, 1998:80）所说，治疗师方面的三个条件是治疗发挥作用的一个条件。弗莱雷（Freire, 2001:152) 对此回应："共情体验和无条件积极关注最终是唯一并且相同的体验。"默恩斯（Mearns）和斯隆（Thorne, 2007:149)的观点有略微不同，他们认为在组合后，治疗师的条件会变为"比各个部分更大的东西"。因此可以假定有且只有一种治疗师超级条件（super-conditions），其中一致性、无条件积极关注和共情只是其中的一个方面。这就是为什么有关条件彼此之间的重要性问题是一个虚假的命题，这也是为什么试图研究任何一个单一条件可能是有价值的，但是不能假设它是一个充分必要条件（Wilkins, 2003:66-67）。

15

在以人为中心疗法中，对（心理）接触的需要常是被忽视的先决条件，建立接触就是建立关系

正如桑德斯（Sanders, 2006b: 33）所说，罗杰斯提出的第一个充分必要条件是要求治疗师和来访者之间存在"接触"（Rogers, 1959；213）或者"心理接触"（Rogers, 1957:96），这个经常在一些关于治疗的著作中被忽视，并且甚至在以人为中心疗法的治疗师培训中也常常被忽视。这似乎是一处重要的疏忽，因为这表明成功的治疗依赖于来访者和治疗师之间的关系。罗杰斯在定义中清楚地表明：

接触：当一个人在另一个人的经验领域感知到或预见到差异时两个人在心理上的接触，或者说是关系中最基本的要素。

另外一种理解是，作为一个成功的治疗师，每个参与者都必须在某些很小的程度和层面上，意识到对方的存在（即使不是有意识的），并且这种意识构成一种关系。罗杰斯（Rogers, 1957:96）写道：

第一个条件指出，最基本的关系——心理接触必须存在。我假设，只有在一种关系中，显著的正向人格改变才会发生。

第二部分 经典以人为中心理论

因为人类本质上是相互关联的，我们有强烈的心理接触需求。沃纳（Warner，2002:92）指出，"即使是心理接触的适度增长也会对来访者具有巨大的个人和心理价值"。与其他人接触，会产生一种与他人在一起而不是分离的感觉，这可以减少焦虑和存在的孤独感。

在探索接触概念的过程中，怀亚特和桑德斯（Wyatt and Sanders, 2002:8）指出，他们理解的罗杰斯"在可以认为两个人有'关系'之前，他们两个之间最基本的联系是他们都有相互接触的愿望和意图"。这意味着正念（mindfulness）是关系的一个必要因素，即每个人都必须对其他人产生可以觉察到的影响。这似乎与潜在的影响足以构成关系的观点是冲突的，也就是如果两个人处于接触当中，那么他们就处于关系当中。怀亚特和桑德斯提出接触是发展关系的必要前提，同时也是任何成功治疗的必要前提。这确实是正常的情况。然而，因为接触也可以预先进行，所以我们可以建立并且巩固关系。这就是前期治疗的原因（Prouty, 2002a & 2002b），例如，治疗师通过系统的工作来发现和加强与来访者的预先接触，这些预先接触是治疗师和来访者之间由于精神病、极端学习障碍、痴呆或者脑损伤（通过机体疾病或者损伤）等造成的功能受损导致的。实际上，普劳蒂（Prouty, 2005a: 55）将前期治疗描述为一种心理接触理论，因为他将与自我的接触加入其中，所以其含义略有不同。

如果接触的要求没有被满足，那么其他的条件将是没有意义、没有作用的。罗杰斯激进地提出将关系放在治疗尝试的核心地位。因为，当今以人为中心疗法的实践中，关系的价值高于其他一切，并且这种激进的挑战仍然存在。越来越多的研究结果表明，咨询和心理治疗作为一个整体，除了来访者在互动中带来的"来访者变量"，来访者和治疗师的关系与成功的结果最为相关（e.g.Krupnich et al., 1996）。因此，要理解心理治疗中发生了什么，就应将接触置于一个中心位置。从来访者为中心的角度来看，这种意识导致了关于接触性质的重新考虑。例如，虽然经典的以来访者为中心的立场是接触的存在或者不存在（Sanders, 2006b: 36，描述为"二进制，全或无，开－关事件"），但其他人认为接触是有不同水平的，并且（或者）

存在不同性质和程度的接触类型。所以，卡梅伦（Cameron，2003a：87）认为接触可能有不同的深度，她写道："接触的深度造成了机械的、毫无生气的治疗关系与充满能量和参与的治疗关系的差异。"在两个章节中，她（Cameron，2003a & 2003b）列出并且描述了心理接触的四个层次：

● 基本接触是"遇见"（meet），也许是人们感知其他人最基本的一种方式，并会受到他人的影响；

● 认知接触关系到共享的意义，包括心理过程和一定程度上的相互理解；

● 情感接触是"更亲近"，是对自己情感的公开并愿意去接受和回应他人情感；

● 微妙接触或者亲密（intimacy），它在深度上与"存在"（Rogers，1980：129）、敏感（Thorne，1991：78–81），甚至"深度的关系"方面都是等价的（Mearns，1996）。

这些也可以被认为是相关性质的不同表征。

怀亚特（Wyatt，2013：150–164）重申，心理接触除了这些之外，还要考虑"心理接触的进化本质"和"以人为中心关系中的心理接触"。

16

来访者本身的不一致及其在一定程度上对这种不一致的意识（敏感或者焦虑）对治疗来说是一种必要条件

罗杰斯（Rogers，1957）认为对于成功的治疗来说，其第二个充分必要条件是要求来访者本身处在一种"不一致的心理状态，或敏感或焦虑"。从技术层面看，这种不一致是指自我感知到的自我和机体本身的实际经验之间的矛盾状态。罗杰斯（Rogers，1959:203）认为这种不一致的矛盾状态将会导致个体紧张或内在困惑（internal confusion），因为个体的行为本身在有些层面是受控于实现倾向的，而在另外一些层面又是受控于自我实现倾向的。这种不一致会使得个体的"不一致行为或不可理解的行为"增多。不一致的个体至少会在某种程度上感到困惑和迷茫，因为他们意识里想要得到的和他们的实际感受及行为之间存在冲突。依照图德和玛丽（Tudor and Merry，2002：72）的建议，可以把不一致状态理解成三种认知加工元素中某一种的呈现形式，这三者分别是"普遍而广泛的敏感、轻微的紧张或焦虑，以及对不一致敏锐的觉察"。

当个体没有意识到自己的不一致状态时，他可能是潜在的更容易受到伤害的人。因为一种显示了自我和机体之间冲突的新的经验将会威胁到个体自身，个体的自我概念无法统合这一经验，而新的经验也无法被个体整合到自己以往的经验系统当中。当个体感受到一种不安或一种莫名的紧张时，他有可能是焦虑的。在这种情境中，个体的自我概念和机体本身的不一致正在逐步呈现到意识层面，也可能是潜意识层面。焦虑来自于对不一致被意识到的恐惧，因为这种恐惧会迫使个体的自我概念发生变化。这也是为什么治疗本身会是一件小心翼翼的事情的众多原因之一。"对不一致敏锐的觉察"的含义就不言而喻了。无论具体的属性是怎样的，不一致可以被理解为源于价值条件的获得以及无条件积极关注的缺乏（见第12个关键点）。

罗杰斯的第二种条件非常明确地指出，来访者本身的不一致状态是建设性人格改变得以实现的必要条件，但他同时也指出对这种不一致状态的要求可以有所降低，这种不一致状态可以用焦虑或脆弱所代替。桑德斯（Sanders, 2006b: 43）将此解释为"来访者需要帮助，并且其自身很明确自己需要帮助"。这就带来这样一个问题，即是否可能存在一种没有脆弱或者焦虑伴随的不一致状态，或者用桑德斯的表述，即来访者需要治疗而其自身却不知道的情况是否可能存在。如果是这样，那么条件二将不能被满足，这就意味着有些个体在特定阶段是不适合这种疗法的。威尔金斯和博扎思(Wilkins and Bozarth, 2001: IX – X)更为详尽地思考了这一问题。但是，巴雷特·伦纳德（Berrett-Lennard, 1998:19)指出："一定程度的脆弱和焦虑看起来适用于任何一个在咨询中存在脆弱的个体，或者说，对绝大多数个体都是适用的。"威尔金斯和博扎思也同意这种观点，他们（Wilkins and Bozarth, 2001：X）也在思考："条件二是否意味着，治疗只有在来访者本身充分意识到不一致并且被这种不一致状态所困扰且具有进行治疗的自我努力时，咨询才有可能取得成效？"之后他们的回答是"几乎确实如此"。在测量情境中，威尔金斯（Wilkins, 2005a：141) 将此放入了"我潜在的来访者是否需要并能够利用治疗？"这一问题当中。罗杰斯（Rogers，1967:132:155)认为考虑治疗过程的七个不同阶段有助于回答这一问题（见第17、第32个关键点）。

17

治疗过程 7 阶段的划分为治疗师提供了指导，为治疗性改变提供了模型

从以人为中心的角度看，一个人的成长过程就是他们自己体验和应对这个世界的方式，就是他们理解他们在生活中所遇到的各种刺激和信息的方式。成长过程包括认知层面、行为层面、情感层面和精神层面（存在争议）。这个过程可能进入了个体的觉察中也可能没有，可能是有意识的也可能是无意识的。

罗杰斯（Rogers，1967:132-155）提出人格改变的渐进过程包含了七个阶段。玛丽（Merry，2002:58-63）用一种易于理解的方式描述并阐释了这七个阶段。简单来说，各个相应阶段来访者的状态是：

(1) 自我保护，极度抗拒改变；
(2) 变得稍微不那么强硬，并且愿意谈论外部的人或事；
(3) 谈及他们自己，但是将自己作为一个客体，避免讨论当下的事情；
(4) 开始谈及深层的感受，并且开始与治疗师建立关系；
(5) 可以表露当下的情绪，并且开始更加依赖于自身的判断能力，而且越来越接受自身对自我行为后果的责任；
(6) 呈现出一致性的迅速成长，并且开始对他人发展出无条件积极关注；
(7) 机能健全型自我实现的个体富有同情心，并且对他人表现出无条件积极关注。

100 KEY POINTS
Person-Centred Therapy:
100 Key Points & Techniques

个体可以将此时的治疗与当下日常生活中的情境联系在一起。

个体成长过程的不同阶段在一定程度上揭示了个体的存在状态且个体从治疗师那里学到什么是恰当的。尽管玛丽（Merry，2002：59）指出"来访者的各个过程阶段存在很多的影响变量以及个体差异"，罗杰斯（Rogers，1967：139）也提到"个体不会完全绝对地处在成长过程中的某一个阶段"，但是了解来访者处在成长过程连续体中的哪个阶段能够为治疗师提供一些信息并且帮助其做出更好的决策。例如，治疗是否有效以及是否有必要提供治疗服务，先期治疗（pre-therapy）是否可能是更为恰当的策略（见第34个关键点），或者来访者是否已经接近机能健全而完全没必要再进行治疗。

简要说来，由于人们对自身不一致状态的觉察是有限的（第16个关键点），处在成长过程前两个阶段的个体不太可能自愿签约进行治疗，即便签约，他们也不太可能完成一次治疗全程。而对于第三阶段的个体，罗杰斯（Rogers，1967：136）相信处于或者接近这个阶段的很多人会寻求"心理帮助"，有可能去预约治疗。根据玛丽（Merry，2002：60）的建议，在进一步推进到第四阶段之前，处在第三阶段的个体需要完全接纳当下的自我。绝大多数咨询或心理治疗都发生在处于第四或第五阶段的个体身上，并且罗杰斯（Rogers，1967：150）将第六阶段描述为极其重要的。在这个阶段那些不可逆转的建设性人格改变最有可能发生。很可能，到了第七阶段，来访者已经不再需要治疗关系的陪伴来完成自己的机能完全恢复之旅了。关于第七阶段，罗杰斯（Rogers，1967：151）写道："这个阶段发生在治疗关系之外的变化与发生在关系之内的几乎一样，而且所报告的变化并不一定是治疗时间内所经历的。"

在七个阶段当中，不仅仅是对什么时候适合对谁进行咨询的指导，同时也说明咨询中治疗师遇到的不同"存在状态"的个体对应着不同的阶段。在这个框架中隐含的是，例如，对治疗师来说应对处于第六阶段的个体和应对处于第三阶段的个体的意图要求存在质的区别（尽管所有阶段都强调非指导性态度和咨询条件的规定）。

所以对以人为中心的治疗师而言，了解这些阶段是非常重要的。

在第一阶段，个体是固着的，远离于机体体验的。罗杰斯（Rogers，1967:133）以对自己和对外的交流障碍的形式来理解这种对经验的远离，并且他指出这一阶段的个体不会发现自己有任何问题，即使他们可以发现，这些问题也被他们感知为完全的外在问题。在第二阶段，个体可以做到充分感受到自己，并且开始从与自己没有直接联系的角度来表达自我。但是，在其他方面，这些问题仍然被感知为外在的问题，当提到这些问题时个体并没有意识到自己的责任，个体自己的感受也没有被认知和为己所有。罗杰斯（Rogers，1967:132）指出，处在第一阶段的个体不太可能自愿进入治疗，处在第二阶段的个体才表现出这种意愿，与他们一起工作只有以很谦虚的方式进行才能够成功。换句话说，只有处于第三以及之后各阶段的来访者才能达到桑德斯的标准。这对如何与来访者订立合约有指导意义。

18

为了确保治疗的效果，治疗师必须在其与来访者的关系中是一致的。这里强调的是"是"一致的人而非"做"一致的事

对于罗杰斯所说的在来访者和治疗师关系中治疗师应该是一致的，即第三条充分必要条件，一直以来都存在着大量的误解。出现这种现象的原因可能是人们更倾向于认为"一致"是一种行为，但实际上，一致并不意味着咨询师一定要做什么事情。事实上，一致是一种外在行为精确反应内在状态的个体存在状态，即觉察与体验需要相互匹配。科尼利厄斯·怀特（Cornelius-White，2013:195）曾借鉴罗杰斯（Rogers，1957:97）的观点，即自由地存在于一种浮现出的情感中，而且他还提到（Rogers，1959:214）如实地使自己存在于像支持这样的关系中，增加"治疗师的表达与沟通"作为一致性的一个要素。但是，理解以上两种观点的另一种途径就是对"存在"的重视。

布鲁德利（Brodley，2001:56-57）对罗杰斯原著中关于"一致"的表述进行总结后指出，一致是指自我与经验之间的区分，而不是指治疗师的行为。她还指出，根据充分必要条件的描述，来访者并不一定要感受到治疗师的一致性。一致性虽然是治疗师的必备条件，但对其进行交流和沟通是不需要的。但是，在我看来（Wilkins，1997a:38），不一致的确会让人感觉不舒服，并且常常会被患者直接感知，或对治疗过程产生不良干扰。科尼利厄斯·怀特（Cornelius-White，2007:174）认为，一致（和不一致）往往是通过无意识的肢体语言被感知的。

从严格意义上来讲，治疗师的一致性所描述的不是人际互动，而是人际状态。而在共情和无条件积极关注方面，一致性虽然会受到治疗关系的影响，但它并不是治疗关系的产物。独处时也可能是一致的。一致的治疗师并不一定要做什么、说什么或者表达什么，他们只需要顺其自然，了解自己所经历的过程即可。

据霍（Haugh，1998:45）所言，要求治疗师一致，并不是为了能够让来访者真实地感受到它，而是让治疗师能够更好地共情来访者，更好地给予来访者无条件积极关注。而就来访者的体验来说，治疗师的一致（无论是看到的还是感知到的）是值得信任的，并且能够加强这种感受。因此，一个一致的治疗师是值得信任的治疗师。

虽然经常与诚实、坦率和自我披露（self-disclosure）混淆，但一致并不是要治疗师与来访者交流自己的情绪和经历。但是罗杰斯还是不断强调治疗师向来访者表达自己的情绪和观点的重要性。这导致一部分学者（Bozarth，1998:74-78；Haugh，1998:46）得出了错误的结论——治疗师的有些行为是能够体现其一致性的。不过学术界一致同意的是，一些时候（即使很少）一致是需要一样或多样东西进行维持的（见第70～72个关键点）。

霍（Haugh，2001:7）将罗杰斯著作中关于一致的陈述进行了汇总，并对一致的治疗师的行为特征进行了总结。关于做出一致反应的时机，她提出如下四个建议。

① 当治疗师的情绪破坏核心条件的时候；
② 当上述情绪无法消除的时候；
③ 当不这样做会导致治疗师在治疗师和来访者的关系中变得"不真实"的时候；
④ 当合适的时候——合适与否要依据以上三点进行评估。

一般来说，至少在经典的来访者中心疗法过程中，治疗师的响应仅限于尝试通过交流对来访者的经历进行了解。但是霍指出，在有些情况下，由于一致的优先级较高一些（因为不一致的治疗师无法与患者共情或无法被来访者接受），治疗师需要依据自己的观念对来访者进行响应。无论如何，一致并不是对来访者进行对照、反驳或阐释的必要门槛，也不是要对来访者或者来访者的材料进行情感互动。此外，自我披露与一致毫无关系。虽然在以人为中心疗法的过程中会出现治疗师自我披露的现象，巴雷特·伦纳德（Barrett-Lennard，1998:264-267）所阐释的一项1962年的研究表明，并没有证据证明，在以人为中心疗法的过程中治疗师主动自我披露的行为能够获得积极的治疗效果。

19

无条件积极关注是以人为中心疗法能否实现的关键挑战

治疗师对于来访者的无条件积极关注（UPR）是产生建设性改变的必要条件。有些学者（Bozarth，1998:88；Wilkins，2000:33-34）认为无条件积极关注是产生建设性改变的积极推动因素，而弗莱雷（Freire，2001:152）则将它描述为"以人为中心方法的革命性因素"。然而，无条件积极关注却给治疗师带来了真实的个人、伦理与职业挑战。出现这种现象的部分原因是，无论我们自认为多么受他人欢迎，至少在某种程度上来说，我们是带有某些偏见和畏惧的。马森（Masson，1992:234）在他对以人为中心疗法的评论中问道："面对一个残害孩子的强奸犯的时候，为什么治疗师要给予无条件积极关注？"诚然，没有任何理由要求治疗师这样做，但是不给予无条件积极关注的话，治疗就是毫无意义的。有关治疗师的充分必要条件假设断言，如果一个人，无论多"坏"，持续经历这六种情况并感知到他人的共情理解和无条件积极关注，那么这个人就会发生改变。但是这个假设的前提条件的假设性太强。在这种情况下，需要指出的是我们并不能证明这个假设是正确的，也不能证明有些人是无可救药的，我们可以预见的只是局限于治疗师身上。幸运的是，虽然人类总是无法接受某些事情，但是这个"某些事情"并不是完全相同的。因此，一个无论因为什么原因都无法被一位治疗师接受进而给予无条件积极关注的来访者，却有可能被另一位治疗师发现其可接受的品质并被诚恳对待和珍视。同样，通过明确我们自己的恐惧和无法释怀的问题，进而促进给予无条件积极自我关注，能够有效提高我们给予别人无条件积极关注的能力（Wilkins，2003:73-74）。这里面包含了一些个人、伦理与职业挑战。例如，这些挑战会催生伦理上的要求，即治疗师应当能够给予足够的无条件积极关注，以使来访者具有发生变化的可能性，以此来达到某些评价的要求。如果无法做到，基于一种职业责任，应"请教他人"或拒绝合约。同时，基于一种个人的或职业的责任，对治疗师而言，应继续关注那些限制自己实践能力的所有事情。

从另一方面来看，这种给予无条件积极关注的要求也意味着一种挑战。将这个条件与充分必要条件假设作为一个整体来看，在以人为中心疗法中存在一个"必要悖论"。这个假设是关于变化的，治疗师通常倾向于促使其来访者出现改变，但第四个条件要求治疗师接受来访者的本来面目。治疗师并没有要求甚至是期盼来访者出现改变，因为这种要求是来访者无法接受的。弗莱雷（Freire，2001:145）将"无条件积极关注悖论"(paradox of unconditional positive regard)理解为"一个人必须要接受自我才能进行改变"。来访者对于自我的接受是建立在对治疗师的接受的基础上的。她还对与无条件积极关注有关的以人为中心疗法进行了总结（进行了一些改编）。

① 治疗师并不尝试改变来访者。治疗师的唯一目标就是无条件接受来访者的经历。
② 治疗师越相信来访者的实现倾向，就越能给予来访者无条件积极关注。
③ 来访者体验到的无条件积极关注程度就如同治疗师所拥有的无条件积极自我关注。

这些特征要求以人为中心疗法的治疗师放弃让来访者发生改变的想法或要求，并持续实施对自身的无条件积极自我关注。

20
共情是对以人为中心疗法治疗师的基本要求

"以人为中心疗法治疗师首先要能够共情。""共情是一种复杂、苛刻、强烈却又微妙而温和的东西。"这些文字是引自罗杰斯（Rogers，1975:4-6）对于共情的观点进行更新时所做的描述。这些文字代表着一种广为接受的以人为中心的观点，即共情是治疗师一种极其重要的素质。在罗杰斯（Rogers，1957:101）看来，共情是"像感知你自己的世界一样，感知来访者的世界而不将二者混淆"。共情是要能够准确感知他人内心活动的同时保证自己不受其影响。桑德斯（Sanders，2006b:66）对感知别人的世界和体验别人的世界进行了有效的区分。他指出："我感觉不到别人的疼痛、恐惧和欢愉。但我能知道，也能准确理解他们的思想和情绪。"正是这种感知和与来访者对于这种感知所进行的交流，构成了治疗中的共情过程。然而，无论这种感知和理解是多么的准确，被动感知和理解是不够的。在他的文章中，罗杰斯（Rogers，1957:4）对共情给出了一个更加详尽的定义：

和另一个人共同存在的方法被称为共情，共情有很多方面。它意味着进入了另一个人的私人的感知世界，而且完全变得像在自己的感知世界里一样。随时能敏感地感知到流淌在别人心里的意义的变化，对他人的恐惧、愤怒或温柔或困惑，以及任何他（她）正在经历的状态都能敏感地感知到。它也意味着你要暂时过她（他）的生活，在其中经历但不作出评价，感知她的感受，但决不揭示她没有感受到的东西，因为这样做的风险太大。而且还要交流你对他（她）的世界的感知，以不带任何成见且无所畏惧的角度去审视这个人所畏惧的东西。

这个要求是比较高的，而罗杰斯也进一步指出共情是多么的复杂和苛刻，并将它比作"一个强烈但又微妙而温和的东西"。此外，因为共情还包含与他人的经历进行真实接触，所以共情的收获也是很可观的。

在罗杰斯的论述中很重要的一个原理是，共情这一概念包含了治疗师要与来访者交流其对来访者经历的认识（见第 21 个关键点）。但是无论治疗师的感知是多么的准确和完整，除非来访者能够感受到治疗师对其经历的深切感知，否则共情是毫无帮助的。

罗杰斯（Rogers，1957:5-6）发表了一篇关于共情研究的文章，总结如下。

理想的治疗师一定是首先能够共情的。

- 共情与自我探索和加工活动有关。
- 治疗师与来访者关系前期的共情意味着后期治疗的成功。
- 在成功治疗案例中来访者会感知到更多的共情。
- 理解是由治疗师（主动）给予的，而不是（从治疗师那里）索取的。
- 治疗师的经验越丰富，就越擅长共情。
- 在来访者与治疗师关系中共情具有特殊的作用，治疗师能够提供的要比朋友能够给予的更多。
- 治疗师的内在自我越一致，他们所具有的共情能力越强。
- 经验丰富的治疗师通常不会感到共情的匮乏。
- 由来访者担当共情程度的判断者更好。

- 才能和诊断感知力与共情无关。
- 一种共情的存在方式可以从具有移情能力的人那里学习到。

总的来说，这些论述在随后的三十年里得到了证实，但关于共情的思考和研究还在继续（Freire，2013：175-176，给出了一些关于共情研究发现的总结）。桑德斯(Sanders，2006b：69-73）针对那些包含经典来访者中心共情观点的研究者已有成果，提供了一个容易理解的回顾性评价。

21

治疗师的无条件积极关注和共情的有效性取决于他们被来访者所感知的程度

在条件一(可能不止)中所描述的"接触"和条件六中(见第13个关键点)的元素,可以发现,虽然对来访者沟通和(或)认知到的治疗师的无条件积极关注以及共情理解讨论得比较少,但是罗杰斯(Rogers)清楚地知道,如果没有上面的条件,来访者就不会发生任何改变,即使是极小的改变。在罗杰斯(Rogers,1957:96)看来,条件六是通过与来访者对治疗师的无条件积极关注和共情理解的交流而实现的,而罗杰斯(Rogers,1959:213)强调的是,来访者需要从治疗师那里感知到这些东西。这两种不同的说法并不冲突,实际上是构成了一种对于共情过程的完整理解。这个条件实际上是说,来访者是否出现改变,取决于来访者能不能被理解和接受以及来访者能不能感知到自己被理解和接受,无论感受多么隐晦。治疗师不但要理解来访者的经历并给予来访者无条件积极关注,而且来访者至少要在一定程度上觉察到自己被理解和接受。如果来访者没有意识到或接收到这种理解和关怀,那么无论治疗师认为自己多么受欢迎、多么擅长共情,条件六都不能被满足。这种情况不但将来访者放在了治疗的中心位置,也给治疗师带来了一定的责任。从某些方面来说,治疗师必须和来访者讨论他们对于来访者经历的理解并给予来访者无条件积极关注。而且为了保证有效,这个过程不能通过机械的或一致的形式进行。这个过程不需要以口头形式进行,但一定需要对来访者状态的高度关注,要让来访者感受到治疗师在尝试理解自己的经历,而且要在温和、关切和诚挚的氛围下进行。以治疗师身份进行"交流"在第82、第83个关键点进行了讨论。但条件六并不仅仅要求治疗师实施某些特定的行为。

正是在条件六中，第 25 个关键点所提出的"超级条件"（super-condition）可能被观察到。本质上，来访者的感受是，被完全接受但不受到窥探，自己的恐惧和错误被看到但未受到批判，这都是在治疗师诚挚交流的基础上得到的。这可能对治疗双方来讲都是一种异常强大的经历，可能带来"瞬间的改变"。人们对于"高水平"经历进行了各种研究，并提出了"存在"(presence)、"温和"(tenderness)和"关系深度"(relational depth) 等名词，请见第 25、第 38 个关键点。

22

在以人为中心的理论中,"移情"没有作用或作用极小

在以人为中心的理论中,并没有对人类思维的无意识的可能性进行定义,经典理论认为,无论它是否存在,都与治疗过程无关。因为以人为中心疗法是现象学性的,只关注来访者当前的体验。来访者无法感知或知道的,理论上来说,治疗师也不会知道。对于来访者"无意识"部分的观点和理解可能只源于治疗师自己的认知体系。这是和以人为中心的理论有所冲突的。另外,关于思维的特殊结构的概念[如身份、自我或超意识(superconscious)]并不被以人为中心疗法的治疗师所广泛接受。讨论的时候,作者通常认为在"有意识"和"无意识"之间是存在联系的,并建议构建一个人类心理的加工模型(Coulson,1995;Ellingham,1997;Wilkins,1997a)。事实上,只有牵涉到"移情"的时候,无意识概念才会对以人为中心理论产生影响。

已知的是,研究以人为中心理论的治疗师并不怎么关注移情。关于移情,有两种基础立场。移情(有时候)是治疗师与来访者之间互动的一部分,但对它进行利用会给治疗带来不便,或者说移情是精神分析思维中非现实的人工产物。罗杰斯的立场比较接近前者。他(Kirschenbaum & Henderson,1990a:129–130)认为,如果移情出现,以人为中心疗法的正常治疗需要依赖移情进行,而治疗师绝对没有必要允许这种依赖性存在于他们的治疗过程中,而这种依赖性在其他治疗方法中往往被认为是合理的,甚至是被鼓励和支持的。也就是说,治疗师依旧是共情的、尝试被来访者接受的且一致的,而不必随着来访者的移情过程而改变。

其他以人为中心疗法的治疗师并不倾向于接受罗杰斯（Rogers）可能持有的关于移情的心理动力学观念。值得一提的是，西林(Shlien, 1984: 153–181)突出了"移情逆理论"（countertheory of transference），并希望以此发展出一套以人为中心的无意识模型。西林认为"移情是一种由治疗师虚构出来的用于保护自己免于承担因自己的行为而产生的后果的幻想"。列塔(Lietaer, 1993: 35–37)对西林的文章进行了回应，他认为，移情不仅存在，它还与实际操作存在关联。这种情况与反移情（countertransference）相近，但威尔金斯(Wilkins, 1997a: 38)认为，许多被描述为反移情的过程在以人为中心的理论下，其实就是移情。

默恩斯和斯隆(Mearns and Thorne, 2000: 175–176)提出了无意识材料与以人为中心疗法过程产生关联的方法。他们对经典观念下的自我进行了重新定义，将能够在人没有觉察到的情况下对人产生影响的（因此并未被这个人作为自我的一部分）潜意识感知材料融入其中。罗杰斯（Rogers, 1959: 200）对潜意识感知的定义是："有机体不需调用涉及意识的高级神经中枢就可以区分刺激物及其意义。"默恩斯和斯隆使用了这一术语并将自我定义为"自我概念 + 意识材料边界"。正如他们指出的觉察材料边界（edge of awareness material）那样，这一公式是人本主义理论核心构成中的一部分（自我 = 其他事物之中的自我概念）。他们同样指出了这样一种潜在危险，即"如此宽泛的自我概念在不偏离觉察边界的情况下很有可能丢失原则而涣散为无意识"。

# 100 KEY POINTS
以人为中心疗法：100 个关键点与技巧

**Person-Centred Therapy:
100 Key Points & Techniques**

Part 3

第三部分

回顾与反思:
以人为中心
理论的优势

23

以人为中心疗法是一种被积极研究和发展中的理论

大多数自称为以人为中心家族的学者都持有这样一种说法,即对于典型以人为中心疗法实践,你需要了解的内容或多或少都涵盖在19世纪50年代罗杰斯及他的同事所发表的著作中。在很大程度上,大家都会认同两点:首先,罗杰斯并没有给出所有的答案;其次,也确实存在一个事实,即他并没有列出当代咨询或心理治疗实践会出现的各种事宜。几乎从芝加哥中心时代开始,研究者已经对以人为中心理论进行思考、反思和调整。比如,罗杰斯的同事之一——尤金·简德林(Eugene Gendlin),他有哲学背景,他对如何促使来访者表达、象征和明确阐述个人经验产生越来越浓的兴趣。从这种兴趣首先滋养出焦点治疗方法的发展,之后(由于其他因素的影响),作为以人为中心治疗家族第二分支的经验心理治疗(experiential psychotherapy)得以发展。其他研究者也从不同的方向思考以人为中心疗法的基本观念。其中做的比较出彩的是劳拉·赖斯(Laura Rice),她的研究结合了认知治疗传统的观念。这种做法致使人们对心理治疗的微观加工过程和理解及进行心理治疗的方式,很多时候被称作"过程–体验式疗法"(process-experiential therapy),产生兴趣;而这些具有广义以人为中心传统理论的治疗师都是一些加工专家。在这些回顾、完善和延伸过程之后,紧接着转入了被认为由过程体验部分派生出来的"情绪焦点疗法"(Emotional-Focused Therapy)。

经过一段时间,尤其是19世纪70~80年代的低潮之后,研究者为理解和解释以人为中心疗法、探索其有效性并填充实证、经验研究中认知的鸿沟,付出了很多的努力。部分研究主要探讨典型的非指导性方法的有效性（比如 Brodley、Bozarth、Freire 和 Sommerbeck 的研究）；但大部分的研究还是聚焦于对以人为中心理论的延伸，或者从更广或不同的角度去理解以人为中心实践。这些研究包括对儿童成长、一致性反思、来访者/治疗师关系的检验，以及对心理病理学观点的阐述。

尽管经验与过程经验治疗师做了大量的研究（《*Person-Centered and Experiential Psychotherapies*》杂志为这些领域以及以人为中心疗法本身做出了很大的贡献），并且强调以人为中心疗法的有效性，但这一部分在本书中并未进行描述，此章节剩下的部分仅仅是对以人为中心疗法主流方法的回顾、重新思考、延伸和补充。并且，逐渐的，现有的研究不再是单纯地区分经典的来访者中心疗法（client-centered therapy）、以人为中心疗法和情绪焦点疗法，而是将这些方法结合起来进行讨论。罗伯特·埃利奥特（Robert Elliott）与同事在斯特拉斯克莱德大学（the University of Strathclyde）所做的研究就是其中的典型代表。

关于对以人为中心疗法的再概念化和重新思考的研究，在本书，尤其是在第86~100个关键点中以各种方式进行了集中论述。

24

以人为中心方法形成之初就根植于对儿童发展、儿童与青少年心理治疗的理解上

通常假定在以人为中心理论中没有儿童发展的一席之地,这种说法是错误的,犹记得罗杰斯的第一部著作(Rogers, 1939)就是《*The Clinical Treatment of the Problem Child*》。不仅如此,以人为中心理论早期的杰出人物克拉克·莫斯塔卡斯(Clark Moustakas)和维琴尼亚·萨提亚(Virginia Satir)都是儿童心理治疗师。因此,可以合理地假定以人为中心理论的发展基于与儿童有关的实践,也是本着当代儿童发展知识和儿童精神病理学实施的。罗杰斯(Rogers, 1959:221–223)考虑到与儿童发展相关的人格因素,并假设处于婴儿时期的个体至少存在以下特征。

① (个体)他将自己的体验知觉为现实,所体验即现实。
因而,相较于其他人,个体仅仅会对现实对于自身的意义有潜在的觉察,所以没有人可以完全假定他的内部参照框架(internal frame of reference)。
② (个体)他有一种实现自身机体潜能的固有倾向。
③ 从自身的基本实现倾向来看,(个体)他与自身现实存在交互作用。因此,个体的行为是机体目标导向的尝试,其目的是为了满足经验中的被觉知为现实的实现需要。

④ 在这种互动中,(个体)他表现为一个有组织的整体,如同一个完形(gestalt)。

⑤ 在(个体)他的机体评估过程(organismic valuing process)中,参考实现倾向来评估经验并作为标准(对所体验实现倾向的评估被视为标准)。(个体)他把那些被感知为可以巩固或加强机能的体验评估为积极的,那些维持或加强消极影响的体验就会被评估为消极的。

⑥ (个体)他的行为会趋近积极的评估体验,而避免消极体验。

所有这些相当于一个关于人类机体发展的复杂的理论,从这个理论中,可以很容易地推断出对儿童发展和儿童心理治疗实践的理解方式。举例来说,比尔曼·拉特延(Biermann-Ratjen,1996:13)从罗杰斯的充分必要条件言论推断出儿童早期发展的必要条件:

① 婴儿与重要他人的接触;

② 婴儿关注可能引发焦虑的评估经验;

③ 当重要他人评估自我经验时,在与婴儿的关系中保持一致性,在与其接触中并没有与自我概念不一致的体验;

④ 重要他人无条件积极关注婴儿的评估经验;

⑤ 对于婴儿自我参考内部框架的经验,重要他人会给予共情理解;

⑥ 当婴儿逐渐感知到重要他人对自己的无条件积极关注和共情理解时,在婴儿的觉察中就会逐渐产生一种信念和预知,当婴儿对其他经验作出反应时,无条件积极关注和共情理解对象将会被扩展,他人也会给予其积极关注和共情理解。

库珀(Cooper,1999:64)、默恩斯和斯隆(Means & Thorne,2000:106-108)将积极自我关注的需求与多元(重)自我(plural selfs)或自我完型

（configuration of self）的发展联系起来（见第 27 个关键点）。考虑到关系深度（relational depth）（见第 38 个关键点），默恩斯和库珀（Mearns & Cooper,2005:8）认为，婴儿具有一个基本需求：

> 他们不仅仅是想跟别人绑在一起，而更想与他们进行沟通和交流……他们期望被爱，同时他们也希望与他人产生互动，给予爱并接受爱，去体验一种即兴的或约好的接触。

他们进一步强调成年期所遇到的困难是如何与婴儿或童年期"关系深度"的失败经验相关的。比尔曼-拉特延（Biermann-Ratjen,1996：14）指出，积极关注是自我发展的前提条件，并把自己的模型与精神病理学联系起来。沃纳（Warner,2000:149-150）也对儿童发展与精神病理学的联系进行了探讨。

库珀（Cooper,2013a：118-128）回顾了以人为中心的发展与人格理论，并对原先的模型进行了讨论和改进。

贝尔等（Behr et al.,2013:266-281）强调针对儿童和青少年的以人为中心疗法，并认为以人为中心疗法是"以人为中心的特殊领域,同时也是一种主要的治疗方法"。Holldampf 等（2010:16-44）回顾了针对儿童的以人为中心疗法有效性的研究结果，并指出这些研究为其有效性提供了有力的证据。最近，基斯和沃肖（Keys and Walshaw,2008）用十五个章节的内容来强调针对儿童和青少年的以人为中心实践。

25

"存在"是指这样一个时刻，各种充分必要条件的整合引起了"转变性"效果

这些年来，许多以人为中心取向的学者指出，在治疗阶段存在一个时刻，来访者与治疗师共同经历巅峰体验与转变。在最后几年里，罗杰斯（Kirschenbaum and Henderson, 1990a: 137）对这种状态进行了描述，并将其称为"存在"。他写道：

> 作为一个团体的促进者或者作为一个治疗师，当我达到最佳状态时，我会发现自己的另一特质。我发现，当我最接近内心深处、本质自我的时候，当我不管以何种方式接触到我不为所知的部分时，当我在一段关系中可能发生轻微改变的时候，无论我做什么都可以被治愈。因此，我的存在被释放并有所帮助。

罗杰斯认为存在（presence）是个人成长的媒介，也是治疗自我转化的一面。斯隆（Thorne, 1991: 73–81）阐述了相似的内容，并用"温和的效果"（the quality of tenderness）来形容转变的积极原理。罗杰斯和斯隆都认为这个效果存在一个先验的、精神的、神秘的维度。尽管没有方式否定它，施密德（Schmid, 1998a: 82）对"存在"和"相遇"加以了区分（见第31个关键点）。他（Schmid, 2002: 182–203）基于接触/心理接触的需求对此加以扩展，并声明存在是"治疗师存在方式与治疗行为之间关联度这一'核心条件'的合理表达方式"。

100 KEY POINTS
Person-Centred Therapy:
100 Key Points & Techniques

人们认为施密德的观点强调了将"存在"作为治疗努力中高质量关注的结果。

也就是说，存在是巅峰治疗条件（或者是第 14 个关键点中提到的超级条件）的结果。不仅如此，因为施密德从对话，也就是相遇的角度思考以人为中心疗法，因此认为存在源于相遇而并非源于治疗师本身。

尽管已经被描述为"条件四（更为恰当的说是治疗师提供的第 4 个条件）"，大家仍然认同，它是当治疗师处于理想化状态，没有"额外"事件发生，也不从中区分时所提供条件的结果。比如，巴雷特·伦纳德（Barrett-Lennard, 2007: 130）认为存在"意味着'一直在那里'，全身贯注于与自己所有的即时关系，深深地注意和联系自我"。怀亚特（Wyatt, 2007: 150）尽管承认"额外维度"的存在质量，且认为它可以被描述（在其他事情之中）为扣人心弦的、紧张的或转变性的。他也提到"在这些时刻，罗杰斯所有的条件都同时出现"。这些描述都没有超出"存在"体验的转化性、超越个人的效应。但是，默恩斯（Mearns, 1994: 7–8）指出，尽管"存在"可被描述为一种神秘语言，但在经典的以人为中心理论中仍会涉及到它。他认为"存在"源于两种环境的结合。第一种是高水平一致性、无条件积极关注以及共情理解的混合；第二种是：

咨询师可以坚守自我，并允许自己对来访者的体验产生共鸣。在这种情况下，咨询师可以让自己融入来访者的体验而不需要为分离自身去做努力。

默恩斯对"存在"的理解对他之后提出关系深度治疗观点有很大的帮助（见第 38 个关键点）。

然而，"存在"的发生，是以人为中心疗法治疗师与来访者意向共存的根本表现。不是要对来访者做什么，也不是为他们做什么，或者甚至也不是和他们一起做什么。在我的经验中，所有的一切都源于这种意向，它转化了治疗师提供的条件并具有变革性。我认为它被共同创造、共同体验，而并不是治疗师一个人参与的。但是，这并不意味着"存在"体验不可被准备或鼓励。虽然存在体验在治疗阶段具有不确定性，但盖勒和格林伯格（Geller and Greenberg，2002:75-77）认为通过准备可以加强这种能力。

盖勒（Geller，2013:209-222）对"治疗性存在"（therapeutic presence）的定义进行了探讨，并对其进行了描述，从充分必要条件的角度进行解释，以及从加工过程和结果的角度进行研究。她指出，研究表明存在是有效治疗的本质。尽管我并不赞同这种观点，但是"存在""关系深度"（见第 38 个关键点），还有超级条件（共同具备一致性、无条件积极关注和共情理解）可能是理解同一现象的不同方式。

26

有人认为，在经典的以人为中心理论中，将"个体/自我"看作独立实体的观点是不完整、被过分强调并受限于文化的

尽管在很多种情况下，"自我"的概念是易变的，且不如机体概念重要（第11个关键点），即使是在以人为中心的传统中，"自我"的概念也是受到批判、质疑和（或）被认为是有所欠缺的。比如，霍迪斯托克（Holdstock, 1993:229–252）指出，为了把自我是如何受到其他文化或范式影响的因素考虑进去，很有必要对"自我"的以人为中心概念进行修正。关于其他文化中的自我概念，霍迪斯托克写道：

> "自我"的延伸概念甚至可能包含已经消失的和大量的动物、植物以及不明物种的整个宇宙。除了有个体存活的力量领域，权力和控制一般不会先于个体存在。

紧接着，其他人对这一挑战给予了回应。简单来说，他们所质疑的无非是将"自我"在一定程度上定义为独立于世界的单一、区别性的实体。大家所提议的是一种围绕于人与人或者人与环境之间的"关系型"自我。比如，默恩斯和库珀（Mearns and Cooper, 2005:5）认为"人生来就与他人存在联系"，另外，库珀（Cooper, 2007:85–86）对"人们本质上就会融入他们所处的社会、政治或历史情境，而不是孤立于它们"进行关注并予以强调。博哈特（Bohart, 2013:87）认为这并不冲突，

第三部分 回顾与反思：以人为中心理论的优势

并指出将"罗杰斯的自我概念感知为局限于文化是对它的一种误解"。这是因为"罗杰斯关于自我的观点正如一个概念地图，对于这个概念地图为什么不包含关系自我或社会中心（sociocentric）自我并没有给予解释"。

这种对自我存在于世界之中的"关系型"方面的意识或强调，盖过了因罗杰斯人格与发展的原始理论而兴起的"个人主义"观点，并进一步促使默恩斯和斯隆（Mearns and Thorne, 2000:182-183）提出了"社会中介"的加工过程。社会中介被当做实现倾向的平衡或"限制力量"（a restraining force）（Mearns and Thorne, 2007:24）。这种想法源于两种认知，首先是对人处于关系之中的认知；其次是对实现倾向自由、无中介、无调节的表述有害于个体发展的认知。这种限制力量不仅会保证人们进化成机能健全者，同时也会保护或巩固他们生活的社会环境。这也成为进一步发展的基础。默恩斯和斯隆（Mearns and Thorne, 2007:24）把理论的发展概述为"将生活中的他人考虑在内"，以此进行自我巩固和发展。

库珀（Cooper, 2007:86-88）也考虑到，"自我多元性视角"是罗杰斯关于人格与人类发展原始概念化的分支。他指出，以人为中心理论家以及与此"家族"相关的学者都赞同这样一种观点："聚焦于个体，不仅忽略了作为部分存在的个体的多样性，也忽略了个体构成要素的多样性。"这也就是说，人由多方面构成，并且所有的这些都会在世界中得以巩固。不同的治疗流派给予这些方面不同的命名，比如，持心理综合观点的学者（psychosynthesists）称之为"亚人格"，而心理剧治疗师用"角色"来表述，但在以人为中心流派中比较盛行的是由大卫·默恩斯（Dave Mearns）提出的"自我完型"（第27个关键点）。"将自我视为多维度实体"是一种健康状态，但若这些构成之间出现冲突就会引发情感困扰。

27

个体将构成多维度"自我"模型,而并非单一自我模型

经典的自我模型认为自我是单一的,近期,部分以人为中心的学者(Cooper,1999;Keil,1996;Mearns,2002;Mearns and Thorne,2000:174–189;Warner,2005)探讨了这种观点的局限性,并认为应对其进行完善。尽管并非持有完全一致的观点,但他们普遍认同一点,即"自我多元性"概念是一种更适宜的理论表述,并对实践有重要的派生影响。需要特别指出的是,"多重自我"模型的拥护者认为上述观点是健康、正常、非病态的。库珀(Cooper,2007:86–88)对这些观点及其之间的异同点进行了有益的讨论。举例来说,多元性自我的思想之所以达到当下这种特别突出的地位,是通过默恩斯(Mearns,1999 & 2000)及其与斯隆(Mearns and Thorne,2000 & 2007)的努力得以实现的。

将自我视为一系列自我概念的观点被默恩斯(Mearns,1999:126)称为"自我完型",即用以反映自我某一维度核心模式的一系列构成因素。默恩斯和斯隆(Mearns and Thorne,2000:101–119)的研究对自我完型进行了更为全面的阐述。默恩斯和斯隆(Mearns and Thorne,2007:33)在"自我对话"情境下提出了完型这一概念。他们参考"自我多元性理论",即人们把自己表征为包含不同部分、声音、亚人格、亚自我的整体,或者用他们的话来说,是自我完型。他们把自己的想法与自我多元性理论联系起来,并提出了关于完型的四个理论性命题:

① 完型必定是围绕自我的内向投射而提出的;

第三部分 回顾与反思：以人为中心理论的优势

② 完型的建立还必定围绕不和谐的自我经验；

③ 形成的完型吸收了其他一致性的因素；

④ 完型与重新配置相关。

这意味着自我概念的这些准独立因素（quasi-independent elements）会以两种方式中的其中一种[尽管默恩斯和斯隆（Mearns and Thorne, 2000:1)声明"可能存在另外一种方式"]产生。一种是通过对他人评估的吸收，不管这种评估是积极的还是消极的；另一种是通过对与自我概念其他方面相悖的体验的概述来实现。一旦成立，完型就可以通过与相似因素的合并进行扩展和发展。不仅如此，完型还是动态的。它们可以也确实会在与他人的关系中不断改变。在他们对自我完型的整个描述和分析中，默恩斯和斯隆强调了其保护性本质。换句话说，自我完型是联结不同世界的有效方式，这些世界具有不同的功能和能力。更为典型的是，特殊的完型甚至是关于生存的。沃纳（Warner, 2005:94）对于分离式加工概念的定义进行了说明，在其定义中涵盖了"部分"的存在，这些"部分"拥有"对情感伤痛做出反应的一系列对立策略"。

尽管可能会引发问题，但不管什么原因，一般来说，个体包含多元自我并不是有害的，也并非是治疗需求的一种指标。但当这些完型之间的关系出现冲突或不和谐时，就会引发心理困扰。

28

共情被认为是多层面、复杂的，要切记共情理解是有效治疗的关键

对以人为中心疗法而言，几乎是从一开始，就强调对共情的解析和理解。近期，这些研究包含：巴雷特·伦纳德（Barrett-Lennard, 1997）、博扎思（Bozarth, 1997）和西林（Shlien, 1997）关于共情的反思；对共情治愈的分析（Warner, 1996: 127-143）；对5种共情类型的描述（Neville, 1996: 439-453）；对共情历史、理论和实践的大量描述（Haugh & Merry, 2001），以及对典型以人为中心观点的概括和更新（Freire, 2007）。这些研究意在探讨和解释共情的概念和成因，以及它是如何发挥功效的。

当然，也有研究者试图去论述对共情的误解。比如，西林（Shlien, 1997: 67）推陈出新，写道："尽管对共情非常赞同，但是不容置疑的是，共情是被高估的、缺乏论证的以及粗枝大叶的事实。"并且，共情并不是一种理论，它很难去解释任何事物，也不能向人们阐述任何机制。西林并非攻击罗杰斯提出的六个条件，他只是试图重新构建条件五，即要求治疗师需要对来访者的内部框架进行共情理解。他认为这区别于共情。共情理解（empathic understanding）确实是区别于依据外在框架的理解，比如，诊断、审判、怀疑性的审问。共情理解"提倡从内部治愈"。他认为，共情并不是特殊的东西，是所有动物的共性，尽管共情理解及共情沟通需要努力去获取和最高等级的关注。这是一项对共情理解很重要的矫正。在以人为中心疗法中，仅仅去感受来访者的疼痛、情感困扰或愉悦，而不追究这些感受的来源是不够的。治疗的有效性取决于两个方面：一方面是治疗师对来访者加工过程的理

解,另一方面是来访者对治疗师理解的感知。换句话说,尽管共情可能是发自内心、躯体或情感的体验,但在其转变成共情理解时需要一定程度的认知过程参与。西林(Shlien,1997:67)强调同情心(sympathy),因为它是诺言的一种,并写道:"倘若没有同情,甚至没有理解,共情可能是有害的。"也可以从另一种方式进行理解,即他人的经验只有被理解而不是简单地被重复或共鸣时才真的被接受。

在以人为中心疗法中,有效的是共情理解(及来访者对它的感知——见第 21 个关键点)而不是共情本身。关于理解什么和反应什么存在一些争论,比如,格兰特(Grant,2010:220-235)认为共情理解有两个目标——体验和沟通。他认为只有深度沟通才是经典的以人为中心疗法的目标。

29

尽管并不被基础假设所提倡，但来访者针对治疗师一致性的沟通和感知最近引起了注意

怀亚特（Wyatt, 2001a）给予一致性很高的重视，但在对一致性的描述中，她指出，从19世纪50年代罗杰斯提出这一概念到19世纪80年代的30年间，一致性几乎没有得到重视。在此之后，一致性被思考和引用的方式之一是它如何可以通过沟通实现。这种方式也是科尼利厄斯·怀特（Cornelius-White, 2013: 199–204）考虑一致性交流和一致性延伸的重点。经典的以人为中心理论认为一致性很难（即使有）通过语言进行直接沟通，而正如科尼利厄斯·怀特（Cornelius-White, 2007: 174）所解释的，它是通过肢体语言进行沟通的，这些肢体语言是内部一致性的产物。许多研究者也开始关注"一致性回应"的适用性和本质以及"一致性的多层面本质"（Wyatt, 2001b: 79–95）。

尽管一致性很重要，是一种"既存"事实，但许多以人为中心的理论家也开始探讨它的层次，以及它是如何操作的。比如，列特尔（Lietaer, 1993: 18）认为"真诚"（genuineness）包含两个层面：内在层面被称作"一致性"，是关于"存在"以及从经验到觉察的有效性（这接近于罗杰斯的原始构建）；外在层面被命名为"透明度"（transparency），它主要涉及治疗师关于自己意识层面的感知、态度和情感的外显性沟通。值得说明的是，这种区分在某种程度上来说是人为的，列特尔进一步探讨了这些方面与他（Lietaer, 2001a: 36–54）所提出观点的不同。在讨论透明度时，他强调了治疗师"个人存在"（personal presence）的重要性，并解释了治疗事件中"自我披露"的重要地位。他认为前者意味着治疗师应表现为一个真实的、

第三部分 回顾与反思：以人为中心理论的优势

可识别的、活生生的人。透明度的第二个因素，即"自我披露"对以人为中心疗法从传统模式向交往模式（即治疗师与来访者之间的对话成为合法部分）的转化发挥了重要的作用。在以人为中心疗法中，尽管这样的对话形式有利于"构建关系深度"（见第38个关键点），但对治疗师而言，自我披露是需要谨慎处理的，甚至很多时候是需要尽量避免的。列特尔在阐述自己的观点时说道："自我披露式回应源于一种基础性的态度——开放性，即对自身的开放性（一致性），以及对来访者经验的开放性（无条件积极关注）"。

图德和沃勒尔（Tudor and Worrall, 1994:198）识别出一致性的四个成分，它们分别是：

- 自我觉察（self-awareness）；
- 行为中的自我觉察（self-awareness in action）；
- 沟通（communication）；
- 适宜性（appropriateness）。

前两个因素与列特尔描述的一致性很相似，但他们认为一致性沟通不止包含透明度。在他们看来，"可见度"（apparency），包含更为积极的、关系性、传递性特征，是一致性的一个重要方面。保持可见度与对治疗师经验的适度性沟通有关。为了区分合适/不合适的一致性回应，治疗师需要"清晰的思考"。对他们而言，"交流我们的经验比披露我们的经验"更有意义。一致性回应应该聚焦于治疗时此时此地的经验交流，而不是分享过去的点点滴滴。这与默恩斯和斯隆（Mearns and Thorne, 2007:139-142）的观点相关，他们认为合适的一致性回应"应是与来访者相关，且相对持久和稳固"，也认为对一致性的细致划分没有必要也没有意义。

30

无条件积极关注已被重新思考和评估

在我（Wilkins，2003:75）看来，关于无条件积极关注（UPR）本质和功能的研究相对较少。沃森（Watson）和谢克里（Sheckley）也对这一现象进行了评论，他们认为有很多因素，比如无条件积极关注概念定义的困难性、研究工具的缺失，以及大家对工作联盟（working alliance）的热忱，都会导致这一现象的发生。但是，无条件积极关注也得到了再概念化和重新思考。这些包括从经典以人为中心的立场、经验心理治疗的观点，甚至是哲学和宗教方面进行的探讨（e.g. Bozarth and Wilkins, 2001）。

博扎思（Bozarth，1998:83–88）从以人为中心的角度出发，反复研究了无条件积极关注，并将其描述为罗杰斯理论的核心有效条件。弗莱雷（Freire, 2001:145）认为无条件积极关注不仅仅是"重要的治疗康复动力"，也是"以人为中心疗法的显著性特征"。与此相似，我（Wilkins, 2000:23–36）也重新考虑了无条件积极关注（UPR），也得到了一些结论，根据理论和作为治疗师和来访者沟通的经验，我认为无条件积极关注中的沟通是建设性改变的有效促进者。这种观点背后隐藏着这样的认知：当来访者感知到在进行共情理解的一致性治疗师的无条件积极关注时，自身的积极自我关注就会得到提升。无条件积极关注是使来访者免于价值条件（见第17个关键点）的因素。作为经验心理疗法的领头人，列特尔（Lietaer，1984:41–58）将无条件积极关注视为"以人为中心疗法的一种有争议的基础性态度"，并认为它与一致性存在潜在冲突。他还认为"无条件性不是不可能的，但它未必会真的发生"。重新回顾之后，列特尔（Lietaer，2001b: 88）将无条件积极关注描述为"一个多维度的概念",而且思考了是什么因素限制了无条件积极关注,或者说是什么使无条件积极关注成为一种在对待另外一个人时难以坚持的态度。列特尔(Lietaer,2001b:88-89)所认知的维度有:

- 积极关注是治疗师对来访者的情感态度;
- 非指导性是来访者体验到的非操纵性的态度;
- 无条件、坚定不移地接受来访者。

与其他经验治疗师(例如:Hendricks,2001:126-144;Iberg,2001:109-125)一样,列特尔从治疗师行为和基本治疗态度的角度去理解无条件积极关注。尽管在对来访者自我指导的尊崇上,经典和经验的治疗理念之间存在"普遍兼容性"(general comtibility),但博扎思(Bozarth,2007:185)认为这两种方法对无条件积极关注的认识存在本质上的差别,且这种差别会对实践产生影响。

博扎思(Bozarth,2013:182-184,189)回顾了经典的以来访者为中心的治疗师与那些倾向于经验形态的治疗师之间关于无条件积极关注的不同认识,提出了一些"对未来的批判性思考"。他强调:"未来需要关注的一点或许在于,对积极关注的界定可以作为一个区分指标,经验式治疗领域的治疗师往往是被来访者的自我表达所鼓励。"

31

以人为中心疗法根植于一个哲学和临床传统：
彼得·施密德的工作

　　彼得·施密德（Perter Schmid）被誉为"以人为中心方法的哲学家"。尽管在尝试理解以人为中心疗法背后的哲学基础及其在实践中的应用方面，施密德不是唯一的一个，但值得肯定的是，他在人类学（anthropologicl）和认识论（epitemological）基础方面的工作产生了很大影响。施密德特别关注的问题是，人类这一概念在本质上是关系的（相互关联的），是相遇过程，也如同以人为中心治疗的对话本质。这些认识从伊曼纽尔·勒维纳斯（Emmanuel Levinas）、马丁·布伯（Martin Buber）以及其他一些哲学家的著作中也可以看到。

　　在他发表的第一部英文著作中，施密德（Schmid, 1998b:38-52）解释了两方面存在的重要性：首先是"人"这一概念的重要性；其次是对人类本质的认识，为什么会出现从客观视角（人是什么？）到主观视角（你是谁？）的范式（理论）这一根本性的转换？其中，客观视角是心理学以及心理治疗的基础，而主观视角塑造了以人为中心疗法。将个体视为客体，试图去发现是谁卷入事件过程，在诊断、治疗和康复的方向上处于领先位置；对施密德来说，"相遇"不同于"关系"。综合我对施密德的理解及我的观点，认为只有在"相遇"中，我们才会通过与他人的交流和对话中发现和改变自我。

　　对西方哲学思想及理性讨论的探索促使施密德（Schmid, 1988b:45）阐述了"对人类以人为中心形象描述的两个最重要的原则"。它们分别是"我们生于经验"和

第三部分　回顾与反思：以人为中心理论的优势

"我们生于关系"。施密德（Schmid，1998a：74-90）探讨"相遇的艺术"并强调人的关系本质，他认为，从以人为中心的视角来看，"每一次相遇都包含相遇事实以及被事实背后的本质所感动"。施密德所关注的是将"相遇"视为一个约会的过程，这一过程包含了承认，意义在于它不仅应用于对他人的认知，也应用于对他人（对话）的回应。在这种方式下，"他人"就不再是一个无名氏，而是一个人，一个你真正有交流并且独立于你的人。这种考虑使施密德把"相遇"与罗杰斯的"存在"（presence）（Kirschenbaum and Henderson，1990a：137）、"温和"（tenderness）（Thorne，1991：73-81）（见第25个关键点）联系起来，并且它与"关系深度"概念存在很大的相关性。施密德（Schmid，1998a：82）写道：

> 从相遇哲学角度看，存在是一种真实可信的存在态度，是完全为存在而生存：无条件接受他人，全身心投入到他人的存在中，不带有任何先前的预期，这是一种开放的、奇妙的对待经验的态度。

重新回顾施密德（Schmid，2003：110）对以人为中心方法的描述，他给出了三个显著性的特征：

① 治疗师和来访者都源于一个基础性的"我们"；
② 来访者至上；
③ 治疗师是此时此刻的。

施密德认为"生活中的我们仅仅是'我们'的一部分"：

> 这个"我们"包含我们的历史与文化，并不是一个没有个体差异的群体，也不是"我"的集合。它包含共性与差异，并视它们同等重要。只有对多样性的尊重才构成和接纳"我们"。

100 KEY POINTS
Person-Centred Therapy:
100 Key Points & Techniques

施密德（Schmid，2003：111 & 2007：38–39）认为，理解和接受"我们"的本质是认识和接受作为"他人"的另一个人。所谓的"他人"是真实存在的，因为他（她）在本质上不同于我。施密德（Schmid，2007：39）认为站到对方一面意味着给予彼此空间并表现出尊重。只有意识到他人站在对面才会有相遇的出现。对于相遇，施密德（Schmid，2002：201）写道：

与人相遇意味着给予他们空间和自由根据自己的能力去发展自我，变成或者完全成为他们可以变成的人。一方面，这与达到某种特殊目的所使用的方式或"意图"相悖，另一方面，这也与基于角色或功能而进行的交流相悖。

因此，从以人为中心的视角来看，对于相同或不同，没有评估，仅仅是对其他人的一种接纳。不仅如此，在我（Wilkins，2006：12）看来，"我们"意味着联系，这要远远超过自我，甚至是组织。所有这些，一方面与非指导性态度的重要性有关（见第4个关键点）；另一方面，举例说明，这些引导施密德（Schmid，2007：42–43）和威尔金斯（Wilkins，2006：12–13）将以人为中心疗法认为是聚焦于伦理学（ethics）的。

为了检验和讨论以人为中心疗法的伦理学和哲学背景，施密德（Schmid，2013）一直坚持不懈地进行学术研究。并且基于这种思考，他提出了"以人为中心社会疗法"（见第92个关键点）。

32

在以人为中心疗法实践中,尽管"诊断"无一席之地,但评估却是必不可少的伦理责任

在以人为中心疗法中,"评估"(assessment)一直备受争议,很大程度上是因为评估被等同于诊断(diagnosis)或常与诊断一词混用。在医学模型中,诊断被认为是一种不恰当医疗方法的采用,意思是说存在一个潜在的问题(疾病),一经确诊就可被治疗和治愈。由于更重视问题而非人,因此与经典以人为中心疗法不一致。桑德斯(Sanders, 2013:18)重新强调了诊断在以人为中心疗法中的不适用性,他指出,经典的以人为中心疗法并未对医学诊断、治疗师解释或专家干预进行区别,而这些都不利于来访者的康复。

尽管罗杰斯(Rogers, 1951:221–223)确实提及过"诊断的以人为中心原理"(the client-centred rationale for diagnosis),这一理论把来访者以及来访者的经验置于治疗过程的核心位置。但在这之后,罗杰斯立即提出了"反对心理诊断"的理论。默恩斯(Mearns, 2004:88–101)解释:"以问题为中心并不是以人为中心",尽管两名来访者拥有相同或相似的问题,但他们对治疗以及治疗师的需求也可能是不同的。另一位诊断的反对者是桑德斯(Sanders, 2006a:32–39 & 2007b:112–128),他认为心理疾病这一概念是不适合的、沉重的。桑德斯(Sanders, 2007b:119)认为相比"疾病","困扰"更为中肯。"困扰"源于心理和社会因素,而不是生理因素。他进一步讨论了心理诊断,指出对诊断的抵制在哲学、理论和有效性方面得到证实。

上述观点反映了1989年发表的关于心理诊断的主题论文集的部分内容。威尔金斯（Wilkins, 2005a: 135-138）对这些内容进行探讨，并主要简化为以下3种主要观点。

① 心理诊断与以人为中心疗法不相符甚至确实是有害的。
② 尽管心理诊断存在很多问题，但在心理治疗的世界，评估和诊断是确实存在的，这一点应该引起以人为中心疗法治疗师的注意。
③ 倘若评估集中在来访者和来访者的自我认知上，它不仅可以与以人为中心疗法兼容，而且在一定程度上利于治疗的进行。

上述前两个观点分别被认为是"纯化论者"和"实用主义者"，它们主要讨论的是诊断。第三个观点有所不同：它考虑的是评估。简单来说，诊断是对拥有某种特殊问题个体的"标签化"过程；而评估是一个双向、共同的过程，即来访者与治疗师可以并建立有效治疗关系的可能性。评估随诊治进程进行且对以人为中心理论和实践无害。事实上，诊治过程的充分必要条件和七阶段可以促成以人为中心主题的评估（Wilkins, 2005a: 141-143）。这一主题否决了将治疗师看作是可以给来访者困难给予最后结论的专家，更聚焦于在充分必要条件满足的情况下，治疗关系建立的可能性。当然，它也强调了治疗师的潜在局限性。以人为中心治疗师对于一个来访者是否存在治疗需要，以及是否与来访者建立有效的关系负有伦理责任。威尔金斯（Wilkins, 2005a: 141-142）提到的标准为做出这种决定提供了一个系统（也可以见第59个关键点）。

最后，吉隆（Gillon, 2013: 418）认为评估和案例构想在以人为中心疗法中是可以兼容的。莫尔曼（Moerman, 2012: 214-223）在研究中阐述了当遇到自杀来访者时，咨询师应如何进行"评估"。

33

以人为中心理论涵盖了理解精神病理的方式，这使其区别于处于支配地位的"医学模型"

在西方，对患有心理和（或）精神困扰来访者的治疗，在很大程度上由坚持医学模型的实践者主导，尽管这些实践者中的很多人并未接受过医学培训。这也就是说，对生理疾病的回应和思考方式被大规模地复制到了对待思维和情感障碍上。但是，（症状）– 诊断 – 治疗 – 康复 –（症状缓解）整个模型的适用性，至少从以人为中心的角度来看，并未得到证实。理解精神病理的第二个影响因素是精神分析。这主要因为出现了许多与精神病理困扰相关的词条，比如"边界性"和"自恋"。纵观历史可以看到，以人为中心实践者对人类的这种思考方式提出了反对，他们，尤其是工作于医疗机构的以人为中心实践者正在试图创建一套通用语言。以人为中心实践者的这种做法也遭到了批判，主要集中在以人为中心理论缺乏儿童发展和心理困扰的模型。但这种批判很容易反驳（Wilkins, 2003:99–107 & 2005b:43–50；见第24个关键点）。从一开始，以人为中心理论就存在儿童发展模型（Rogers, 1959:222），并且其与困扰的发展存在联系（Rogers, 1959:224–230）。这一模型又被比尔曼·拉特延（Biermann-Ratjen, 1996:13–14）加以精炼和发展。在以人为中心传统中，针对心理疾病与健康主要存在4种主要的观点：

① （心理）接触（见第34个关键点）；

② 不一致性（见第35个关键点）；

③ 加工风格（见第36个关键点）；

④ 权力问题（见第37个关键点）。

尽管存在很大的共性，但这些理解情感和心理困扰的方法主要从独特的理论命题和哲学态度上得以发展。

① 在"接触"情境中理解和应对心理困扰源于充分必要条件中的条件一，即来访者与治疗师"心理接触"。这里存在一个基础性的问题，即倘若这个充分必要条件不满足应该怎么办；也存在一个假设，即困扰的本身就是接触的缺乏。

② 心理与情感困扰源于不一致性的说法是对罗杰斯六个条件中的条件二的解读。不一致性，表现为焦虑或脆弱性，会导致来访者前来治疗。在大多数的困扰中，从温和、极端或严重阶段都会涉及不一致性。

③ "困难"加工模型是困扰的基础，这种说法源于罗杰斯（Rogers，1967:27）对生活的描述，即"生活是一个流动变化的过程，没有什么是一成不变的"。除此之外，很多时候加工过程会被打断、曲解、停滞或在某种程度上发生偏离。

④ 之所以说心理困扰与权力相关，而不是与本质、内心或人际动力相关，是基于心理困扰源于社会和环境因素的假设。这对以人为中心哲学的强调等同于甚至多于对人格理论的描述。它与非指导性原则和权力行使态度相关（见第5或第6个关键点）。这种理解困扰的基础是"疯狂"属于社会定义，并且社会与政治环境起码是心理疾病的影响因素，甚至可能是诱因。

34

先期治疗与心理接触是以人为中心治疗方式的核心

在关于心理接触、心理困扰和以人为中心疗法方面，加里·普劳蒂（Garry Prouty）所做的工作是很出色的（第15和第68个关键点）。普劳蒂（Prouty）提出了那个基本性的问题："如果充分必要条件中的第一个条件不能满足会怎么样"，且这个问题促使了以人为中心系统的发展，这个系统主要是针对患有严重学习困难或精神分裂（schizophrenia）来访者的思考和治疗实践。这就是有名的"先期治疗"（Prouty, 2002a & 2002b），它（Prouty, 2002b: 55）被描述为一种心理接触理论，这个理论是基于罗杰斯的作为治疗关系第一个条件的心理接触概念。根据克瑞特迈耶（Krietemeyer）和普劳蒂（Krietemeyer and Prouty, 2003:152）所说，先期治疗理论是在对心智发育迟缓者或精神病来访者的诊治中发展起来的。这是因为，在普劳蒂（Prouty）的经验中，上述来访者存在"接触缺陷"并很难形成人际关联。先期治疗理论促使了一系列实践的发展，这些实践有助于心理接触的建立 [Krietemeyer and Prouty（2003:154–160）和 Van Werde（1992:125–128）呈现的个案研究]，德凯塞等人（Dekeyser et al., 2014: 206–222）和普劳蒂（Prouty, 2001:595–596）对这些研究进行了总结。萨默贝克（Sommerbeck, 2011:235–241）对患有精神病来访者的先期治疗和对处于困难边缘个体帮助（Sommerbeck, 2014a: 67–73）的介绍，以及卡里克和麦肯齐（Carrick and McKenzie, 2011）对孤独症（autism）来访者的治疗，都证实了先期治疗在不同类型来访者中的应用。

100 KEY POINTS
Person-Centred Therapy:
100 Key Points & Techniques

先期治疗是一种先于心理治疗的对来访者很有礼貌的对待方式。因此，至少从原始形态或目的来看，先期治疗不是一个完整的治疗，而是治疗准备。先期治疗最主要的目的是恢复心理接触，由于接触是形成互惠关系的先决条件，因此被罗杰斯命名为结构性人格改变的第一本质。先期治疗由接触理论支持，包含以下因素。

（1）接触功能（contact functions）——来访者的加工过程。存在这样的假设：不存在接触缺陷的个体应该具有以下能力：

- "现实接触"（reality contact），对他们遭遇的人、事、物的感知；
- "情感接触"（affective contact），对他人感觉和情感的感知；
- "交流性接触"（communicative contact），个体通过语言向自己或他人表达自己所处环境经验的能力。

（2）接触反应（contact reflections）——治疗师的回应。从本质上而言，这一部分体现的是，为了与来访者建立接触，治疗师或接触工作者应该做的事。接触反应分为5个类别（Sanders, 2007d:31；Van Werder and Prouty, 2007:240）。

- 情境反应（Situational reflections），即为了促成现实接触，治疗师对所共处环境（人物、地点、事件）各方面的反应。比如说，"你正坐在地板上，地板是红色的"。
- 面部反应（facial reflections），指用语言描述或模仿来访者的面部表情。这会促成情感接触。比如，"你眼含泪水（泪眼朦胧）"。
- 躯体反应（body reflections），指口头表达或者模仿来访者的躯体语言、动作和姿势。这有利于促成现实接触或情感接触。比如，模仿来访者举起胳膊。

- 逐字反应（word-for-word reflections），即逐字复述来访者所说的，尽管有些诡异和不合理，但是这有利于建立交流性接触。
- 重复反应（re-iterative reflections），即对之前的反应做出必需的重复，只要需要，就必须重复。

（3）接触行为（contact behaviors）——来访者为了表达自己或者与他人建立接触的程度而采取的暗示性行为。这可以作为改变以下先期治疗的一种方法。

接触理论由桑德斯（Sanders，2007d：24-31）、范·沃德和普劳蒂（Van Werde and Prouty，2007：238-243）进行延伸和拓展。

桑德斯（Sanders，2007c：18）声称先期治疗会被用来帮助恢复、强化或巩固具有以下特征的个体的接触：

- 处于严重精神退行、紧张症或者退化中；
- 患有分离（dissociative）症状；
- 患有学习无能，这会在不同程度上削弱沟通和接触；
- 患有痴呆；
- 处于疾病晚期或退化阶段，这些疾病会削弱沟通和接触。比如，因服用止痛药进行缓和治疗而产生的困倦；
- 因机体条件而产生的暂时性接触缺陷；
- 患有脑损伤。

先期治疗实践会在第68个关键点进行讨论。

35

来访者的不一致可以以各种方式理解，是心理与情感困扰的一个诱因

对理解精神病理学较重要的以人为中心方法取决于第二个充分必要条件：不一致是心理与情感困扰的核心。在对不一致与心理健康关系的解释中，泰格兰德（Tengland，2001:169）认为不一致有损于健康，"不一致会削弱人们实现重要目标的能力"。这主要是因为，当我们所体验到的事情与感知到的自我相冲突，抑或是外界现实不能匹配自我意象时，我们就会紧张、焦虑、困惑或害怕。更为正式地解释一下，当个体拥有较弱的自我概念（这与感官无关）时，干扰结果和极端状态就会被证实为困扰或"疯狂"。这可以被建构为经典的以人为中心观点中的"价值条件"（见第12个关键点）。但是，在以人为中心家族中，很多理论家已经讨论过不一致性源于诱因而不是价值条件（比如，基因或其他生理诱因，还有早期虐待或创伤后应激障碍等生活事件），并试图在理解不一致性的基础上建立困扰模型。

对斯布尔（Speierer，1996:300）而言，以人为中心疗法是对不一致性的治疗。他认为不一致性是情感困扰的根源，并且源于以下三个方面：

- 价值条件的获得，或者社会价值与机体（生物）价值的冲突；
- 生理－神经心理缺陷，包括基因或者创伤后遗症；
- 那些会导致闪回（intrusive flashbacks）的改变人生的高强度事件。

斯布尔理论与经典以人为中心疗法存在分歧，因为他认为不同障碍来访者源于不同类型的不一致，因此应该根据障碍本质和来访者的需求采取不同的治疗策略。

斯布尔将其称为"差别不一致模型"（differential incongruence model）（Speierer, 1996 & 1998）。但是，这与经典以人为中心疗法中将心理诊断看作是对来访者有潜在危害而未被证实有所助益的观点相冲突。

比尔曼·拉特延（Biermann-Ratjen, 1998）也研究过不一致与精神病理。她将"创伤后焦虑障碍"（post-traumatic distress disorder）、"心因性疾病"（psychogenic illness）和"神经质"（neurosis）视为不一致的表现，并将不一致与儿童发展联系起来，认为发展中断的阶段决定了焦虑的本质。

沃纳（Warner, 2007a: 154-167）从来访者不一致性和精神病理角度重新回顾以人为中心理论，并探索不一致性概念的再形成、精神病理的以人为中心模型、与来访者不一致性研究。她认为，首先，以人为中心治疗师的治疗对象是被诊断为严重障碍的来访者；其次，"以人为中心方法可适用于所有层次的严重症状"这一观点应被主动提出。

尽管不一致是抑郁的主要诱因，桑德斯和希尔（Sanders and Hill, 2014: 104-107）将支撑心理与情感困扰的不一致扩展为"自我矛盾"（self-discrepancy）。他们认为更为广泛的自我矛盾可以被认为是抑郁体验的先兆。

36

来访者的加工风格导致心理与情感困扰

情感与心理困扰在某种程度上可被理解为加工风格。也就是说，对于很多个体来说，由于一系列的原因，加工过程并非像人们期许的那样流畅，来访者与治疗师的加工过程是"困难"的。比如，沃纳（Warner, 2001: 182–183）总结了三种"困难"型加工过程。后来，她（见 Warner, 2007b: 143–144）又提出了第四种类型：隐喻式加工（metaphact process）。这四种类型在沃纳（Warner, 2014）的著作中进行了描述。

● 脆弱式加工（fragile process）。采用脆弱式加工风格的个体倾向于用很高或很低的强度去体验核心事件，对他们而言，很难融入自己的体验。这些人常被诊断为边缘性障碍或自恋。由于与自己体验之间的联系脆弱，他们如果没感到被压垮或者他们自己的经验没被彻底击溃，他们很难接受他人的观点。沃纳（Warner, 2007a: 160）认为脆弱式加工很可能源于童年关键时期缺乏富有共情的照看，或者他们的体验没有被他人或自己接受。

● 分离式加工（dissociated process）。在一段时期内，采用分离式加工的来访者十分坚信自己是独立于他人的自我。这类似于拥有多重自我，在某个或多数时间，很难意识到部分或全部他人的存在。

● 有时，他们会体验到自我分裂（fragmentation）或不统一（disunity）。这些会令他们发狂或者对他人表现出"疯狂"状态。采用分离式加工过程的个体，在忙碌中很难意识到自我的多个"部分"，但他们也会很好地生活很多年，虽然可能是压抑的生活。然而，在一些危急时刻，过去的经验会突然性、打断性地重现。这种加工风格已经被认定为"多重人格障碍"（multiple personality disorder），或称为"分离性身份识别障碍"（dissociative identity disorder），并且这在很大程度上源于早期童年创伤。

● 精神病式加工（psychotic process）。采用精神病式加工的来访者与自己、他人和外界存在接触缺陷。在构建或交流自己的经验时，他们很难理解其中的核心意义；除此之外，在理解所处环境时他们也存在同样的困难。采用精神病式加工的个体会出现声音和（或）经验的幻觉、离间性妄想。"精神分裂症"就是与精神病式加工过程相贴合的标签之一。

● 隐喻式加工（metaphact process）。当理解新的或情感复杂的事物时，采用隐喻式加工方式的个体会把事实和隐喻同时考虑进去。这听起来很陌生或者不合理，但是沃纳（Warner，2007b：144）认为隐喻式加工"类似于手语"，对一些不熟悉的人来说是很疯狂，但确实是一种意味深刻的沟通方式。沃纳（Warner，2014：133-135）根据她自己对这种加工风格的理解进行了相关研究。

在各种相关的研究中，沃纳描述了各种加工风格的起源，以及采用以人为中心方法对各种来访者进行治疗中，应该采取的有效措施。

37

心理与情感困扰源于环境、社会，与权力、无权力感有关

在以人为中心的学者中，有一个广为流传且盛行的观点：心理与情感困扰的起因并非固有的、人际间的以及对重要他人关系的反应，但是这些因素的本质却是社会和（或）环境的。研究者也曾假设"疯狂"是一种社会定义，社会和政治环境在一定程度上会促成心理困扰，甚至可能就是它的起因。除此之外，大家还认为权力的不平衡或滥用与心理疾病和健康有关，除非在整个过程中权力是公开声明的，这样治疗才会成功。例如，普罗克特（Proctor, 2002:3）阐述："有大量的证据证明心理困扰与个体社会地位（从结构权力的角度来看）关系存在的可能性。"她解释了女人为什么比男人更容易被诊断为心理困扰，以及为什么工人阶级在整个心理健康服务中占有很大的比重。与此相似，桑德斯（Sanders, 2006a: 33）认为越来越多的证据显示心理困扰源于社会因素，而非生理因素。他进一步说明并不存在心理疾病，并针对他所提出的"生物精神病学"进行了有理有据的讨论，这里的生物精神病学是基于"诊断 – 治疗 – 康复"治疗模型（主要应对精神分裂、抑郁等）的一种精神病学。

普罗克特、桑德斯及其他人所讨论的内容是：医学精神系统本质上是控制与权力的系统。如果困扰源于一段不平等的体验，或者在精神服务中被剥夺权力，（生理）精神病就会使人们变得更糟。不仅如此，据桑德斯（Sanders, 2006a: 32）所说，以药物或其他物理疗法来治疗特殊"疾病"的整个想法都是建立在一个错误前提下的这一观念，还是"缺乏大量的证据"。这并不是一个新的观点，也不受到

第三部分 回顾与反思：以人为中心理论的优势

以人为中心治疗的限制。本质上，20世纪中期的反精神病学运动与近期出现的批判和积极心理学表达了相同的观点。比如，里德（一位临床心理学家、一位精神病学家、一位精神病理专家和一位德高望重的实验临床心理学专家）等（Read et al., 2004:3）认为将心理疾病等同于身体疾病并无研究支持。他们还表示，对医学模型的固着致使人们忽略甚至是竭力阻挠了对来访者正在体验的生活、环境和社会困扰的讨论或探索。当然，在多种形式下，如果不能提出一个新的模型予以支持，仅仅去批评一个困扰模型是不够的，而这也是以人为中心疗法正在尝试的。

举例而言，在治疗中纠正这种潜在的压抑的权力不平衡的方式之一是启蒙（demystification）。同时，强调权力问题的以人为中心模型体现于"关系深度"中（见第38个关键点），并且不管有无诊治关系，都应该考虑结构权力不平衡问题。

桑德斯和图德（Sanders and Tudor, 2001:148）认为，以人为中心疗法为心理学和心理治疗提供了一种基本的观点，并且为当代心理健康系统存在的疑虑做出了重大贡献。在相关研究中，考虑到心理与情感困扰，他们认为将个体独立于社会、政治环境之外是一种错误做法。在之后的研究中，桑德斯（Sanders, 2007e:188-191）提出并描述了困扰的以人为中心社会模型。他认为以人为中心社会模型是涵盖多方面知识的，包括人类之物质、社会、心理、生理以及精神层面的东西。

38

在一定程度上，以人为中心实践的延伸紧紧围绕"关系深度"这一概念

"关系深度"这一概念由默恩斯（Mearns, 1996）提出，并由默恩斯和库珀（Mearns and Cooper, 2005）详细介绍。关系深度，是指来访者与治疗师心理接触的程度，这从本质上区别于之前的定义。罗杰斯（Rogers, 1986:137）认为，这种高质量的相遇牵涉"存在"，在斯隆（Thorne, 1991:73–81）看来，它与"温和"（见第25个关键点）相关，但默恩斯（Mearns, 1994:7–8）认为其过于平凡且不深刻。简单说来，治疗师的深度个人自知、与来访者完全融为一体的意愿以及没有任何人为算计（就来访者而言，也存在这样一种希望"真实"的相似意愿），这将会带来变革性的高水平接触。关系深度在一定程度上等同于亲密（一种相互间的承诺和开放性）。默恩斯和库珀（Mearns and Cooper, 2005：XII）提出了关系深度的"工作定义"："两个个体之间深厚接触与承诺的状态，其中，每一个个体都是真实对待另一个个体的,并能够在很高的水平上去理解和评估另一个人的体验。"

他们指出达到关系深度的治疗师体验是这样的：

与来访者之间的一种深度接触和承诺的感受，在这种体验下，两者会同时感受到对于对方的高水平、持久的共情和接纳，并且两者以一种高度透明（坦诚）的方式进行交流。在这种关系中，来访者体验到别人的共情、接纳和一致性，不管是外显的还是内隐的，并且在那一刻体验到完全的一致性。

换句话说，关系深度是条件三至条件六的升级版，与对一些来访者特质的额外要求相一致，与那些可能被认为是相互关系组成要素的特质也相一致。在关系深度的这种概念中，"深度"是指个人"实现"的接近度，完全的主观体验，而不是去接触隐藏在深处的核心要素。而且，"深度"并不意味着超越，仅仅是关系相处的一种不同方式。

在实践中，关系深度体验背后的概念不同于典型的以人为中心疗法，至少表现在，它不再强调非指导性态度，也不再促使发生情感性改变，它主要强调来访者与治疗师之间的对话。由于变化的动力（仍然主要是实现倾向）是在来访者与治疗师双边关系中共同创造的，因此，它是一种"以关系为中心"的疗法，而不是"以人为中心疗法"。可以说，这不是一种新的东西，这个立场隐含其中，但并没有被明显提出或者当作一种理论或实践加以探讨。除了默恩斯和库珀，以人为中心疗法中对话领域的杰出大师包括施密德（见第 31 个关键点）和巴雷特·伦纳德（Barrett-Lennard, 2005）。之所以在治疗中聚焦或强调关系，是因为大量的研究指出，除了来访者引发的和（或）他们自己尽力做的，影响治疗效果的一个重要因素就是关系质量本身。可以解释为，很多的情感和心理困扰就是因为缺乏亲密的人际接触或者在获得、巩固亲密的人际接触上存在困难，即存在性孤独（existential loneliness），而治疗中的关系深度可以开始改变这种状态。通常假定这种治疗过程发生的方式是，处于关系深度的接触产生的联结意识会让来访者从完全的孤独感转变成至少被一个人认可、接受、感知和理解。这种变革性特点不仅是对自身的信心，同时也给出了一种希望，即这种深度的人际接触可以发生在治疗期间之外，并可发生在与其他人的相处情境中。不仅如此，处于关系深度的接触，让人联想到接纳和共情理解，这就会允许来访者走向一个与他们的完全存在相关，并且以前在觉察中曾经被否定的基础性问题。

诺克斯等（Knox et al., 2013）出版了一本讲述关系深度各方面的书籍，里面集中了很多相关研究，比如诺克斯和库珀（Knox and Cooper, 2011:61-81）以及维金斯等（Wiggins et al., 2012:139-158）的成果。

100 KEY POINTS

以人为中心疗法：100个关键点与技巧

**Person-Centred Therapy:
100 Key Points & Techniques**

Part 4

第四部分

以人为中心疗法的批判与反驳

39

建立在误解之上的以人为中心疗法曾饱受诟病

对以人为中心疗法进行批判，通常都是因为不了解这种治疗方法的理论和实施。比如，人们通常认为"以人为中心"指的就是对人"好"，滥施效果甚微的共情。很多时候，使用其他疗法的治疗师都反映，尽管在刚开始治疗时，用心倾听可能很有效果，但是随着治疗的推进，当专业知识和技术被引入咨询后，情况就开始变得糟糕起来。换句话说，尽管接受六项条件是必要（有时可能很不情愿）的，但似乎是不够的。

更夸张的是，有一种观点认为，尽管以人为中心疗法对忧虑或急性（但相对较轻）困扰的患者来说"管用"，但是对患有"精神疾病"的患者或者问题较严重的患者需要用更强力的疗法。考虑到对以人为中心疗法效果的实证研究以及罗杰斯的认可，为什么会有这种观点让人难以理解。有一个看法是，以人为中心疗法会在实质上威胁到使用其他疗法的治疗师，这会导致无知或轻率的决定（e.g.Mearns and Thorne, 2000：IX – X）。

还有一个可能的原因是，以人为中心疗法的理论学家、研究人员和从业者可能也有责任，比如他们未能及时推广这种疗法，他们太自我封闭，太过珍视自己的疗法，太注重说教，以至于难以让人发生转变。显然，以人为中心疗法与传统的等级制组织之间的鸿沟对以人为中心疗法并没有什么好处。比如，1996年虽有几位以人为中心疗法的理论学家参加了在维也纳举行的第一届心理治疗大会，但以人为中心疗法被使用其他疗法的治疗师轻易否决了，因为根本没有体面的国际化专业团体能代表这一疗法。该疗法的使用人数远远不足，且经常在心理治疗的边缘游走，这种情况

第四部分 以人为中心疗法的批判与反驳

与现实的许多方面是一致的,因为他们就是那么表现的。部分出于对这一问题的应对,专门成立了以人为中心和经验心理治疗世界协会。

对于某些人来说,以人为中心疗法过于平常,他们认为应该在其中加入一些元素才能发挥作用。然而并不需要这样做。因为,有充分证据(见第 99 个关键点和本书字里行间)表明以人为中心疗法很有效,且针对它的大多数质疑都是没有道理的。

本书前部分的内容,以及 PCCS 图书公司的出版物、《*Person-Centered and Experiential Therapies*》这本领先的国际杂志,将能够帮助您组织起针对以人为中心疗法的质疑的反驳。同时,本章中概括了一些对以人为中心疗法的常见质疑,以及对这些质疑的回应。

40

以人为中心疗法在治疗时并未暗示人的发展存在理想完美状态

经常有人批评以人为中心疗法暗示人性"本善",只需要有良好的机遇,人就能发展到完美的状态。此类批评的中心思想就是实现倾向(见第 9 个关键点)。这种说法假定存在发展的最理想状态,这可能就是一种自我实现的状态,或者机能健全的人发挥了完全潜力后处于个人成就顶峰的状态。然而,在以人为中心理论中,自我实现一词与马斯洛理论中的含义完全不同,它指的不是一个层次的需要得到满足之后的巅峰状态。

在以人为中心理论中,自我实现指的是一个过程而非状态。此外,这个词仅适用于个人(或一个有机体)中的一个子系统。这个子系统也叫自我概念,也就是个人自我审视和(或)自我建构的方式。托兰和威尔金斯(Tolan and Wilkins, 2012:5-6)还提出"自我建构"概念指的是个体的自我概念(个体对自身的看法)以及个体关于外部世界的整体观念和价值观,但是这个概念也是易变的。自我实现既不是治疗目标,也不是现实生活中的目标,它甚至不一定能实现最健全的机能,因为它关乎维持自我概念。此外,自我实现的过程可能会与实现倾向发生冲突。比如,个体希望从其他人那里得到积极评价的愿望可能会与自我实现过程中积极价值的体验相冲突(Rogers, 1959:224)。也就是说,可能由于个体需要应对和回应其所处的价值条件,并将他人的价值观内化为自己的,这样就会在实现倾向的建设性指向与社会环境强加的需要之间,形成一种让人感到不安的紧张关系。博哈特(Bohart, 2013:87-88)十分同意上述观点,并用下面两个小标题驳斥了批评言论。

第四部分 以人为中心疗法的批判与反驳

- 自我实现的概念是西方特有的文化观念吗?
- 自我实现一定是积极的吗?

关于"机能健全的个体"本质的论述都十分相似,所以很多人都认为这暗示存在一种理想的个人状态,但实际上并没有。在定义"好的生活"(即机能健全)时,罗杰斯(Rogers, 1967: 186)写道:"在我的预计中,这并不是一种善良、满足、超脱和幸福的状态。"和自我实现一样,机能健全的个体指的是一种实现的过程,而不是一种存在状态。实现机能健全靠的是对经验持开放态度,增加实质性生活(即活在当下,感受每时每刻),并提升组织内的信任感。这一点在罗杰斯的治疗程序量表(Process Scale,一种心理治疗研究工具)中得到了阐释,罗杰斯(Rogers, 1961: 33)说:

[它]开始以一种僵硬的、静止的、无差别的、无感知的、没有个人色彩的心理机能状态出现。然而,通过不同阶段的发展,它到达了另外一个等级的心理机能状态,其显著特点为可变化性,流动性,丰富的差异性反应,通过个人感知的即刻体验,这种状态被个体感知为深度拥有和接纳。

其中的重点显然就在于"成为"的过程。博哈特(Bohart, 2013:93)非常有效地解释了自我实现与机能健全的个体之间的关系。他说道:"机能健全的个体是那些可以使自我实现过程更有效的个体。"

因此,以人为中心理论认为,无论是在治疗过程中还是在个人发展过程中都没有理想完美状态。此外,玛丽(Merry, 200:348)指出,"实现理论是一种自然科学理论,而不是道德理论",因此此处不强调任何价值。

41

以人为中心理论中的先进模型不能够解释精神病理学,并引发了一种非专业的忽视评估的倾向,这种观点是错误的

以人为中心疗法曾被批评缺少人格理论,尤其是在儿童发展方面,因而不能充分说明心理和情绪困扰出现的原因。因为缺乏"精神病"和"神经病"的分析解释,批评的声音更为集中,这些通常在医学模型和精神分析领域进行定义和分析。因为缺乏对心理和情绪困扰起源的合理解释,有些人批评以人为中心疗法评估不专业、不负责。且不说这种批评明显存在逻辑错误,一种理论因为没有得出和另一种理论一样的结论就被批评,这种批评(或指控)正确吗?是这种方法得到还是另外一种方法得到这重要吗?

首先,以人为中心理论有完善的以人为中心模型(Rogers, 1951:483–522 & 1959 & 221–223,第8个关键点)。在此基础上,几乎所有的人体机能都被解释清楚了。它既考虑到了"健康"的发展,又考虑到了"失衡"的发展,并考虑到了治疗可能带来的改变。此外,比尔曼·拉特延(Biermann-Ratjen)在罗杰斯六条件的基础上,提出了儿童时期自我发展的必要条件(见第24个关键点)。

同样,其他人也对精神疾病出现的原因进行了探索。特别是,他们探索了精神问题根源的不一致性,以及这些根源与精神问题的关系(见第35个关键点),以及沃纳的困难型加工过程(difficult process)概念(见第36个关键点)。此外,约瑟夫和沃斯利(Joseph and Worsley, 2005 & 2007)为以人为中心理论提供了综

合性解释，以及针对精神和情绪困扰的实践。除了以人为中心理论与精神病理学和相关研究的关系之外，还对下列类型患者的以人为中心实践进行了探索：

- 精神分裂症（psychotic functioning）；
- 反社会人格障碍；
- 创伤后应激；
- 产妇抑郁症；
- 童年药物滥用后遗症（the legacy of childhood abuse）；
- "特殊需求"
- 孤独症和阿斯伯格综合征（Asperger's syndrome）；
- 饮食失调（eating disorder）；
- 长期抑郁。

皮尔斯和萨默贝克（Pearce and Sommerbeck，2014)还提出了"特殊情况下"（也就是可能患有其他人所说的"精神疾病"的来访者）的以人为中心疗法。这项研究是第97个关键点的重点。托兰和威尔金斯（Tolan and Wilkins，2012）从经历更严重的心理和情绪困扰的人身上得到了以人为中心疗法的有效证据，这些个体包括童年时期遭受过性虐待者、经历创伤后应激障碍者以及在现实中具有不同人格者（也就是"精神分裂"）。

在评估方面，如果存在导致诊断的（错误的）理解，就有必要对其作出回应。显然，以人为中心疗法中并不存在诊断（第32个关键点）。诊断的潜在问题是，它将来访者进行了标签化和固定化，这样治疗恐怕会变成问题导向，而不是以来访者为中心。从另一个角度看，诊断是有用的，因为它能够促进各种医疗保健专业人士之间的相互了解，且能够促进治疗师对来访者的理解。可以说，这两种诊断观点的结合，在对那些正经历心理困扰的人进行以人为中心治疗的实践中扮演了重要角色。例如，沃恩提出的困难型来访者加工过程的概念，既符合精神治疗思想，也对这一思想提出了挑战。

从另一个角度看,评估是以人为中心疗法治疗过程中的一个重要组成部分。事实上,威尔金斯和吉尔(Wilkins and Gill,2003:184)已经证明,在第一次见到来访者时,尽管当时无意立即进行诊断,以人为中心疗法的治疗师也会经过一个被称为"评估"的过程。这是以人为中心疗法的治疗师的道德和职业义务,以确定治疗师能为来访者提供何种服务,至少应尝试确定。为此,威尔金斯(Wilkins,2005a: 140–143)建议,以人为中心疗法的评估应该建立在具备充分必要条件之上,且此过程应分为七个阶段(见第32个关键点)。

第四部分 以人为中心疗法的批判与反驳

42

以人为中心理论不认为"人性本善",也不会在治疗中因过度乐观而不预见来访者的破坏性驱力并回避挑战

人们普遍认为以人为中心理论相信"人性本善"。根据观察到的人的行为,这个假设遭受了很多批评。例如,对于那些纳粹大屠杀、柬埔寨的杀戮事件,以及太多冲突中发生的种族清洗的凶手而言,怎么可以说人的本性是好的呢?根据柯申鲍姆和亨德森(Kirschenbaum and Henderson, 1990b: 239-255)的说法,罗杰斯和罗洛·梅(Rollo May)之间的辩论可以解释这个问题。尽管罗杰斯承认世界上存在大量破坏性的、残忍的和恶毒的行为,但他并没有发现人的本性是恶的。但是这并不是说人天生就是好的。西林和里范特(Shlien and Levant, 1984: 3)提出,我们都是"既善又恶"。这两者都未经理论证实,但是具有潜在变化。

经典的以人为中心理论中并未提及人性本善。此外,在《*A note on the nature of man*》(Kirschenbaum and Henderson, 1990a: 401-408)中,罗杰斯思考了"人不是什么",并写道:

我并未发现人天生就有那些特征,诸如敌对的、反社会的、具有毁灭倾向的或是罪恶的。与此同时,我也不认为人生来没有任何特质,人的本性像一块白板,能够在上面写任何字,并被塑造成任何形式。我并未发现人生来完美,很遗憾这被社会所抹煞和曲解。我认为人有些特质确实与生俱来,对我来说无论何时,

100 KEY POINTS

Person-Centred Therapy:
100 Key Points & Techniques

我都认为对这些特点的描述应该是积极的、向前看的、建设性的、现实的和值得信赖的。

虽然罗杰斯清楚地指出，人并非生来邪恶，但他也没有确认人们生来就是"好"的。他的声明并非旨在强调道德判断，而是经验观察的结果，同时也不是在宣称那些渴求的或值得尊敬的品质。"人性本善"的争论是虚假的，它既未被声明也未被暗示。从根本上来讲，罗杰斯是在陈述人的生理和心理本质：我们是有建设性的，并倾向于成长的，是具有实现潜力的。然而，尽管以人为中心理论认为人是具有价值的，但这并不意味着人们就是"好"的。建设性、值得信赖和价值并不等于人本性的固有的圣洁。

以人为中心理论不会引导治疗师认为嫉妒、狂怒、酸楚或憎恨等情绪是需要避免的。这都是人类正常的情绪反应，无论是在咨询中还是在我们自己的日常生活中，我们都会遭遇这些情绪。但是，即使有人存在杀意、恶意或虐待的想法，这也不会改变他们的价值。有时候这些情绪会直接指向治疗师，当这种情况发生时，这些情绪需要被满足、了解和处理。确实这就是为什么当如此多的以人为中心研究者都频繁涉及"消极"情绪的表达时，神话论者却坚持我们要否定和回避这样正规的、会使我们产生困扰的方法。

在治疗情境中，以人为中心治疗师拥有一种帮助来访者接触并表达强大的、消极的和羞耻的情感的工具。他们能够向来访者表达这样的观点："我知道你起了杀意，我的内心甚至也能感受到——这种情绪不会吓到我，也不会妨碍我把你当成有价值的人看待。"这通常高于言语，且比言语有价值得多。理论和经验让我知道这一点可以让我更深刻地与破坏性冲动、负面和羞耻的情绪，如怨恨等，产生更深的联结。只有这种联结被深刻地了解并且开诚布公地表达出来，才会发生相应的改变。

43

罗杰斯提出的充分必要条件曾饱受质疑

尽管以人为中心理论从未声称所谓的共情、无条件积极关怀和一致性"核心条件"是发生建设性人格改变的充分必要条件（该假设要求具备全部的六个条件，见第13个关键点），但是对这些充分必要条件假设的研究和批评通常集中在这个方面。

威尔金斯（Wilkins，2003：67-69）评论称，该假设的研究证据表明，尽管其在治疗中关系是第一位的（罗杰斯的说法），但其基本假设尚未被证实（虽然未经证实，但也没有被证明是假的）。这至少部分是由于即便这些假设真的存在，从整体上调查也很难实现。大多数研究都集中在治疗师提供的条件中，有时是单独提供，有时是一并提供的。博扎思（Bozarth，1998：165-173）综述了对治疗师态度的研究结果，并认为这些结果恰好支持了罗杰斯所提出的条件的有效性。

罗杰斯提出的条件既是充分条件也是必要条件，但是其他取向的治疗师却往往并不使用，有的治疗师甚至认为自己能扩大以人为中心方法的应用途径，因此"修正"了这种方法。其基本论点是，尽管这种"核心条件"是必要条件，它能够在形成治疗关系时有所帮助，但它不是充分条件，还需要一些其他东西。"其他东西"的概念会随着批评走向的变化而变化，但总是局限在批评者可触及而被以人为中心的从业者避之不及的技术和专业知识范围内。甚至有说法称，治疗师提供的此类条件会不利于治疗（比如，共情容易让患者沉浸在自怨自艾中，而不是做出积极的改变）。通常情况下，在清楚表达了对以人为中心理论的广泛认同后，质疑者通常会提出相应的改进和增补措施。比如，德赖登（Dryden，1990：17-18）称尽管理性情绪行为治疗师（rational-emotive behavior thrapists）认为需要治疗师提供条件（尤其是接纳和真诚），他仍然对"温情"（warmth）心存疑虑，因为这一点可能会增强来访者对爱和认可的需要，以及"大多数来访者对沮丧情绪的低容忍度"。这就反映了这两种方法间真实的哲学差异和理论区别。在以人为中心理论中，无条件积极关怀（在罗杰斯的词典中和"温情"是同义词）会降低个体价值条件（见第12、19个关键点）的门槛，并增加自我关注。这就导致了评估的内化作用增强，因此对他人评价的"需要"就相应减少。因为这种差异是根植于不同的、未经证实的理论结构中（通常与人的本性有关），讨论它们有可能是徒劳的。然而，如果仅仅根据信仰不同就进行攻击，那么当然就可以拒绝这种攻击，也就可以拒绝被这种攻击消灭（但要知道这种方法反过来也是可行的）。

尽管在以人为中心家族中关于六个充分必要条件达成了广泛共识，但是这并不意味着以人为中心疗法的治疗师没有认真思考过这种说法。这六个条件是经过了反复思考 [比如，Tudor 和 Worrall（1994）提出的一致性，Bohart 和 Greenberg（1997）提出的共情，以及 Wilkins（2000）提出的无条件积极关怀]、重审和重新定义的（例如，Gill Wyatt 为 PCCS 图书公司编辑的罗杰斯的治疗条件系列）。目前来看，对心理学的疗效研究表明（除了来访者的情绪和行为），最大的"变化因素"就是来访者和治疗师之间的关系。可以说，这正是充分必要条件这一假设的意义所在。

第四部分　以人为中心疗法的批判与反驳

44

以人为中心疗法产生于特定的文化环境，这一点限制了它的相关性和适用性

罗杰斯及其大多数早期的同事和合作者都是教育程度较高的中产阶级美国白人男性。普遍认为，他们提出的理论和实践很好地反映了他们的身份和特质。也就是说，以人为中心疗法实质上是以20世纪中期北美地区白人男性的视角提出的。或许（举个例子）浓厚的个人主义文化氛围的确有助于人本主义心理学（humanistic psychology）的发展，也有助于以人为中心思想的形成。然而，如果这是唯一的影响因素，那么实现倾向和该理论的其他观点便是特定时期、特殊地点和特殊文化的产物，将其应用于其他时间、地点和文化中至少来说存在一些问题。这反过来又意味着以人为中心疗法的适用性是有限的，因为它不能随文化的变化而变化。无疑，以人为中心疗法的治疗师完全不接受这种批评观点。对于某些人来说，因为以人为中心疗法是有机体的、自然的和普遍的（见第11个关键点），是独立于文化之外的，人们可以从疗法之外的以人为中心治疗所固有的非知识分子、非种族主义、非男性至上主义立场来欣赏它。然而，尽管这一点正确无误，但从以人为中心疗法治疗师的角度来说，他们在理论和实践过程中仍然会考虑文化的作用。

"文化察觉"从起初就是以人为中心疗法治疗师关注的一个主题。罗杰斯（Rogers, 1951:437）认为对于治疗师来说先了解一些来访者的文化背景信息是非常重要的，治疗师还需要积极掌握一些"与塑造了咨询师的文化非常不同的文化影响"，这也是很重要的。以人为中心著作中一直都有提及文化差异的问题。例如，霍迪斯托克（Holdstock, 1993）指出，"我"和"自我"的概念在不同文化中有所区别，

在以人为中心疗法实践中必须考虑到这一点，且目前的实践已经在试图解决性别和种族的差异问题了。

以人为中心疗法治疗师最关心的问题之一就是权力的差异问题。例如，男人和女人、黑人和白人、穷人和富人在日常生活中享有的权力存在差异，遭受的压力也有所不同，这对个体的心理发展起到重大作用。一个主要的批评观点是，以人为中心理论中不允许存在这样的差异。在性别方面，包括沃尔特·古斯塔夫（Wolter-Gustafson，1999）在内的著名的以人为中心的评论家和理论修正家认为罗杰斯的人类发展理论涉及女权主义和后现代主义思想，且纳蒂艾洛（Natiello，1999）说明了价值条件如何导致性别分裂，以及性别特征如何威胁到一致性。此外，普罗克特和内皮尔（Proctor and Napier，2004）的主要著作还涉及了以人为中心方法和女权主义之间的交汇点。同样，以人为中心的理论学家和治疗师也关注种族问题。需要特别注意的是，在这方面，Moodley等（2004：85–174）的观点代表了很多以人为中心治疗师对种族和文化的看法，且普罗克特等人（Proctor et al.，2006：143–231）在著作中阐述了社会政治问题与治疗的关系。上述学者和其他一些学者都引发了人们对以人为中心的实践缺乏文化觉察这一缺陷的关注。而这也是拉戈（Lago，2007：251–265）的主要观点，他认为以人为中心方法中的差异性和多样性会引发矛盾和批评，且推崇"使用以人为中心疗法的治疗师应在工作时多考虑差异性和多样性问题"。拉戈（Lago，2010：73–85）这位著名的以人为中心作家的另外两部作品涉及跨文化问题，涉及在不同文化、不同民族中发展共情能力的问题，拉戈（Lago，2011a）的著作也是对跨文化的心理咨询与心理治疗领域中的当代综述。

45

没有"移情"的以人为中心疗法是苍白空洞的

在某个领域，以人为中心理论被认为缺乏"移情"和其他"无意识"的处理过程（见第22个关键点），因此是空洞的。这一观点的特点是假设以人为中心疗法的治疗师希望通过非指导性、一致性来"回避"移情（transference），这忽略了一个重要的过程，从而导致来访者遭受损失。在这种分析中，以人为中心疗法的治疗师通过其行动和方法实现积极的移情作用（鼓励性质的，甚至可以说是"家长式的"），从而鼓舞来访者，但同时也会否认来访者的"消极"移情表达。这样无法实现真正的深入治疗。这种"否认消极移情作用"的说法似乎根植在对以人为中心疗法的治疗师的态度中，对他们的评价往往是简简单单的"友善"。然而，在治疗过程中经常存在着对抗和挑战。以人为中心疗法的精髓在于当下真情实感的流露，有时也包括治疗师的愤怒情绪。

在以人为中心概念的内涵里，移情（有时）可能是互动的一部分，但是处理移情有可能是不利于治疗的（因为这么做会回避当下的互动并将所有的变化几乎完全归因于处理过程）；移情也可能是脱离现实的精神分析理论构建。而罗杰斯（Kirschenbaum and Henderson, 1990a: 129–130）认为如果在治疗中激起的情绪和治疗师行为无关或基本无关，那就没有实际意义了。

其他以人为中心的理论家表达了更激烈的观点。最值得注意的是，西林（Shlien, 1984:153–181）提出了"反移情理论"，他想借助该理论发展有关无意识的替代理论。西林的观点是，"移情是治疗师发明出来并努力维护的假象，以免承担自己的行为造成的后果"。最近，默恩斯和库珀（Meams and Cooper, 2005: 53）认为，移情现象只发生在较浅层次的关系中，而关系发展到更深层次时就消失了（见第 38 个关键点）。他们进一步声称，专注于移情现象会阻碍关系深度发展。这恰恰推翻了心理动力学治疗师的通常说法，并将移情放在阻碍治疗的位置上。当然，也有其他以人为中心疗法的治疗师对移情现象的存在和重要性持不同的看法。例如，列特尔（Lietaer, 1993：35）认为，移情现象确实存在，但它在以人为中心疗法中的作用是不同的。他指出，移情作用在以人为中心疗法中是由良好的治疗关系引起的，且以人为中心疗法并没有"提供原则上的优先权去处理此时此刻关系中正在面临的问题"。

诚然，移情是一种理论建构，它经常被一些人用来描述他们观察到的处理过程以及赋予其意义的过程。它是一个概念，不是一个经过验证的过程，且如果它发生的话，则对它具有不同的解释。其中包括以人为中心的解释。有可能以人为中心疗法的治疗师观察到的过程与其他取向的治疗师观察到的相同，但名称和理解方式不同。例如，在威尔金斯（Wilkins, 1997a：38）的研究中一些被描述为"反移情"的过程，但在以人为中心理论中就有可能被称为共情。

迄今为止，尚未有更多证据证明某种理论优于另一种。但是在反对某种理论时，人们往往会极力证明这种理论是不合逻辑的、虚假的。此外，以人为中心疗法的治疗师们并非对移情现象一无所知，而是对移情作用与实践的相关性问题有不同的看法和解释。

46

非指导性的态度是虚假的，且是对治疗权力的无理否定

非指导性原则是以人为中心疗法的基石（见第 5 个关键点）。有时，人们批评这种原则是对治疗师在治疗关系中不可避免的更大权力的一种否定，或者是对不具实践可行性的一种否定。首先，有人认为，因为治疗师是拥有知识和经验资源的，而来访者不具备知识和经验中的任何一种，正是治疗师掌控着治疗的过程。因此，权力的不平衡是不可避免的。事实上，因为罗杰斯的第二个条件要求来访者至少在某种程度上表现出脆弱和焦虑，这就有可能引起无力感和控制感缺失，以人为中心理论甚至似乎证实了这种必然性。在这种情况下，无论治疗师希望与否，至少有一些来访者可能会遵循他们认为合适的方向。因此，有人说，以人为中心疗法的治疗师假装他们不具备指导性是否认现实的，并导致在治疗关系中回避权力不平衡的问题。同时，有人认为治疗师具备相关能力、知识和经验，因此从专业角度和道德义务角度来说，来访者雇用治疗师时，治疗师就处于优势地位。以人为中心疗法的治疗师应尽可能避免这种情况，以避免剥夺来访者权力，对来访者造成不利影响。这些说法都是源于对以人为中心理论的非指导性的误解。

在罗杰斯的一部早期作品（《Counseling and Psycho therapy》，1942）中，有一章题为"指导性方法与非指导性方法"（Kirschenbaum and Henderson 1990a：77-87）。从本质上来讲，这两种观念之间的差异在于谁为来访者选择了目标。在以人为中心疗法中，非指导性立场首先指向来访者选择自己的生活目标的权利，即使这种选择权与治疗师的观点相冲突。治疗师相信，来访者对

其本身和自己的问题有深入的了解，并且能够在正确的时间做出正确的选择。这涉及信任的实现倾向（见第9个关键点）。然而，根据柯申鲍姆和亨德森（Kirschenbaum and Henderson, 1990a: 62）的观点，罗杰斯的确担心非指导性方法过分强调特定的治疗师的技术，却以牺牲治疗师对待来访者的态度为代价。从这一点可以推断，非指导性与特定的治疗师行为关联较少（比如，限制对"反射"的回应），却与治疗师对来访者的认可高度相关，需要治疗师将来访者推定为独立的人，具有特有的智慧。来访者是自己生活和自我存在形式的专家。

上述一切似乎让人们产生了一定的误解，认为以人为中心疗法的治疗师都比较被动，只对来访者的直接动作有反应——特别是只对来访者的话语做出反应。这又导致了一种看法，即任何人都可以从事以人为中心疗法。然而，以人为中心实践从一开始就要求从业者具备丰富的知识和专业技能，并根据其实现倾向进行实践，且牢记实现的充分必要条件。在专业技能方面，问题在于权力，即权力的神秘性和权力滥用。

经典的以人为中心疗法的核心仍然是非指导性态度（例如Levitt, 2005）。在这种非指导性态度及其相关实践过程中，来访者制定自己的目标，治疗师仅起辅助作用而非领导作用。以人为中心疗法的治疗师不能为来访者制定目标，不能假设性地认为什么结果是来访者愿意看到的。以人为中心疗法是通过追踪来访者的主观体验（共情、接纳和一致性）来"起作用"的。最重要的不是治疗师的说法或者做法，而是来访者的体验，即以人为中心疗法中的来访者不能感觉自己被刻意引导做出某种行为，相信某种观点或形成某种模式，这是一个关键点。在以人为中心的广泛实践中，有很多方法可以实现这一目标。

第四部分 以人为中心疗法的批判与反驳

47

以人为中心疗法的治疗师在治疗关系中展现出了对权力的关心是错误的理解和误导

如第5、第6和第37个关键点中指出的,以人为中心疗法的实践中一直将权力问题作为重点进行考虑。该方法的核心是治疗师要避免控场,由来访者进行主导。然而,这似乎与传统的权力动态不平衡观点有所冲突,即治疗师具有专业知识和技能,而来访者又处于脆弱和焦虑的状态。同样,有效的以人为中心疗法要求治疗师表现为强大的、人格完整的人。然而,这里并非要否认以人为中心疗法的治疗师在治疗关系中的权力,而是需要敏锐地觉察到它,并以建设性的、具有影响力的方式行使权力。同时,在治疗关系发展过程中,随着相互信任程度的增加,应该能够逐步实现权力共享,或者说是建立合作和共同努力的关系,尽管治疗师和来访者的目标不同、重点不同、发挥的作用不同,但是他们能够建立平等关系。这也就是说,以人为中心关系中的"平等"并不是完全相同,而是价值平等。

对于非业内人士来讲,认为相互信任是实现治疗关系中平等性的充分必要条件和唯一手段,这无疑相当于痴人说梦(且具有一定的潜在危险性)。然而,正如上文中指出的,以人为中心疗法不要求治疗师放弃权力。治疗师放弃权力无疑是不一致的,不利于治疗的进行。此外,实证观察支持理论概念,可以看出在缺乏方向时,来访者感知到共情理解和无条件积极关注而得到一致性对待时,他们就会产生变化,并且这种变化包括他们对自我权力的意识以及对外在事物评价的内化。

这里有一个问题。显然,在为来访者提供治疗师条件时,以人为中心疗法的治疗师即使不直接指导来访者，也会影响来访者。即使治疗方向和结束点并非是由治疗师决定的，治疗师在治疗关系中也是强大的。这涉及普罗克特（Proctor，2002：87–97）所说的"权力的作用"。然而，尽管她认识到了治疗师和来访者之间内在的权力不平衡，她仍指出，以人为中心疗法的治疗师通过采取非指导性的态度避免来访者撤销权力的授予。这是一个重要的区别。行使个人权力是可取的和可能的，但行使独裁的权力则是不可取的（控制权）。正是这种不剥夺对方权力的承诺，决定了治疗过程的进程和方向，允许出现"内在权力"（Proctor，2002:90），然而在这之前很少有这种经历。

也许权力方面的一部分问题是我们对其理解的方式不同。在我们的文化（西方文化——译者注）中，我们倾向于将权力理解为权威、控制和霸权。在这种理解方式中，权力只是自己的所得，而几乎不用考虑其他人的代价。还有其他很多种对权力不同的理解方式。博扎思（Bozarth，1998：21）认为，从以人为中心的角度来看，"权力"的含义更接近其拉丁语词根，也就是"权能"（to be able）。他认为，在本书中，有权力的含义就是最大化地实现自己的能力。这些学者也至少在某种程度上受女权主义原则影响，提供了对权力问题的分析及其表现(Marshall，1984；Natiello，1990；Proctor，2002)。从本质上来讲，这些学者所表达的观点是，权力不仅仅包括独裁权力，也包括个人权力（内有权力）和合作权力。后者是联合权力，具备对信息的开放性、对需求的回应、相互尊重以及共同合作，而不是互相竞争及展现个人能力。这些合作权力的概念和权力本身正是一种推动人们前进的力量，因此是以人为中心疗法的核心。

第四部分　以人为中心疗法的批判与反驳

48

对于焦虑但健康的人来说，以人为中心疗法是一种缓和的治疗方法，但对于许多真正"患病"的人来说，它又缺乏深度和严谨性

人们普遍认为以人为中心疗法是温和的、无害的，对于想要倾诉的人来说比较有用，但对于真正精神困扰的人来说，这种四平八稳的方法似乎并没有多少用处。如果患者只是面临轻度的精神疾病，在日常生活中较为敏感，那么向不评判、不苛求的人倾诉一下或许有用，但是对于重度心理问题来说，以人为中心疗法似乎又缺乏必要的知识和技巧。与之矛盾的是，科韦利（Kovel, 1976: 116）持有另一种观点：以人为中心疗法适合极度不安、状态"不适合"进行心理治疗的人（基于这种观点，通过先期治疗和接触了解，以人为中心疗法成功地为自己正了名，见第34个关键点）。这两种说法的出发点都认为以人为中心疗法是温和的，但不适用于重度情感困扰者。尽管现在越来越多的人认为以人为中心疗法对精神疾病严重的患者来说有用，但是旧的观点一时间仍难以改变。事实上，至少在20世纪60年代的威斯康星（Wisconsin）项目中，当使用被诊断为患有"精神分裂症"的患者来测试以人为中心疗法的有效性时（Barrett-Lennard, 1998: 267-270），就有证据表明以人为中心疗法适用于"极度不安"的患者。

从某种程度来讲，以人为中心疗法对于患有重度精神和（或）情感困扰者的效力又回到了这样一种无力的争论，即关于"咨询"和心理治疗之间差异的说法（Wilkins, 2003: 100-104）。大多数情况下，因为治疗关系的性质、持续时间和"深度"是来访者决定的，所以以人为中心疗法认为不存在这样的差异。但这并不意味

着以人为中心疗法的治疗师不会从事被别人称为"心理治疗"的事。哪怕是粗略地浏览一下以人为中心理论文献也能得到这样的结果。现在已经有大量文献表明，以人为中心在精神病理学中的作用（见第33个关键点），以人为中心疗法的治疗师也已经发表了大量有关如何处理各种各样的来访者如接触缺陷（见第34个关键点）、"困难型"加工过程（见第36个关键点）、"边缘性人格""精神疾病"患者以及"人格障碍"患者等的文献（Lambers，1994：105-120）。最近，约瑟夫和沃斯利(Joseph and Worsley, 2005 & 2007)出版了两本专著，讲述了以人为中心疗法在"精神病理学"方面的理论、实践和研究证据，而皮尔斯和萨默贝克（Pearce and Sommerbeck, 2014)著作标题是"对困难边缘型患者的以人为中心的实践"。

同时，在英语国家，从20世纪60年代直到20世纪末，以人为中心疗法对重度情感和心理困扰患者的适用性证据看起来确实一直短缺，但也有相当多的发表物尝试表明，以人为中心疗法的治疗师不仅仅局限在面对"焦虑但健康的患者"时能够顺利开展工作。在发展实践的同时，理论也在发展。现在大家都应该清楚，以人为中心疗法在面对"精神病理学"状态时至少与其他任何方法一样有效。

第四部分 以人为中心疗法的批判与反驳

49

以人为中心实践只是纯粹的"反射",这种技术收效甚微

至少从表面上看,经典的以人为中心疗法的有效性实践似乎只是重复来访者的话。这种技术有时被称为"反射"。然而,从某种意义上来讲,这并不是一种好的称谓。尽管,治疗师在重复来访者说的话时,对于来访者来说可能就像一面镜子一样,能够使他们更好地理解自己究竟说了些什么,但是这并不是以人为中心疗法的治疗师的初衷。罗杰斯(Kirschenbaum and Henderson, 1990a: 127–128)很清楚,当他将自己的回应限制在这个范围内时,他并不是想反射这种感情,而是确定他听到并正确理解了来访者所说的话。在这种"反射性"的回应中,治疗师会问一些隐含的问题,如:"我理解的对不对?这就是你正在经历的吗?"此外,当治疗师给出这种接纳形式的回应之后,就像从固有框架中加入一种说法,即:"我理解你的感受、你正在描述的事情,理解你如何走到这一步,尽管我有专业知识,但这也不妨碍我把你看作一个有价值的人。"当然,以人为中心疗法的治疗师表达的不仅是感情,还有其他的,如思想、身体感觉、幻想、回忆等。

以人为中心疗法的治疗师在"反射"时,真正进行的事项实际上是相当复杂的,但远非细碎。事实上罗杰斯(Kirschenbaum and Henderson, 1990a: 127)引用西林的话说,在正确的人手中,反射是"精湛的艺术品"。反射是以人为中心疗法的核心,因为它是非指导性的(见第 5 个关键点),且是治疗师条件(therapist conditions)中最具沟通性的。如果当反射发生时,治疗师的意图是为来访者竖起一面镜子,以便让他们看看自己(并且阐明接下来会发生的结果),那么将要发生

100 KEY POINTS
Person-Centred Therapy:
100 Key Points & Techniques

的事情就远不是试图理解来访者的感受，而是利用共情和无条件积极关注来进行交流，进而转入了从治疗师的参考框架来作出反应。在某种程度和层次上，"反射"的回应是治疗师作出决定的结果，来访者应该看到或听到治疗师认为自己已经表达的东西。这实际上是为来访者"做"事情，而不是在治疗过程中起辅助作用，或远离他们的感性世界。然而，如果目的是检查治疗师对来访者感受的看法，并提供共情和无条件积极关注，则这就是治疗的非指导性态度。

以人为中心疗法的治疗师不局限于只反射来访者的话，治疗的目标就是了解和回应来访者的全部感受。我们这里所说的沟通不仅仅是言语方面的。非言语交流与共情感知也会透露来访者此时此刻的状态。这些也可以"反射"。同样，治疗师的目的是检查他们对未说出口的情感、可怕的想法等的感知。然而，重要的是，这样的反射确实涉及来访者的感受，这种感受并不是治疗师解释所产生的部分结果。

以人为中心疗法可以不深入钻研"无意识"。即使治疗师感知到了来访者无法意识到的东西（这在传统的以人为中心观点中基本是不可能的），因为这种东西不会被认可或被拥有，更重要的是因为它是指导性的，治疗师不应该提供解释。然而，有一种概念称为"觉察边界"（edge of awareness）（Rogers, 1966: 160; Mearns and Thorne, 2007: 78–82）。简而言之，这个概念涉及假设存在的东西（思想、情感、感觉、直觉），这些东西就位于觉察的阈值以下。有时，这些东西会在来访者的体验中透露出来，治疗师就能够捕捉到："就是它！"对"来访者觉察边界中的隐含意义"作出反射（Rogers, 1966: 160）是有争议的，当然需要谨慎。然而，很显然，通过做出"反射"来处理"觉察边界"问题就是以人为中心传统的一部分。

经典的以人为中心疗法的治疗师有这样一种说法，就是除了与来访者的沟通之外，不需对任何问题做出直接回应。格兰特（Grant, 2010: 225）将这种说法概括为"只接收来访者给出的信息"。他写道："除非对方提供、分享、刻意交流感情、感知、精神状态、想法，或任何其他问题或任何方面的体验，否则不需要对其作出回应。"

因此，对于非指导性的以人为中心疗法来说，任何未经直接交流的问题都不是直接目标。虽然从广义上说，我也认为以人为中心疗法的治疗师的工作是对刻意的沟通作出回应，但是我同样也认为这种沟通能够超越语言的界限。

50

因为执迷于"非指导性",以人为中心疗法实践的界限日益模糊

因为以人为中心疗法不注重理论的固有界限,因此以人为中心疗法的治疗师被谴责专业能力不足,道德明显松弛。在很大程度上,这是由于对以人为中心的误会导致的,同时人们不理解以人为中心实践中究竟包含怎样的个人行为(Wilkins,2003:23)。在现实中,大多数情况下,以人为中心从业者实践的界限与其他取向的治疗师没有什么不同。然而,至少从理论的角度来看,因为权力问题(第5、第6和第37个关键点),以人为中心疗法对于"界限"的看法与其他学派不同。这牵涉到非指导性态度和以人为中心疗法的治疗师的立场,即在与来访者相处过程中的"非专家性"。

在治疗中,许多结构界限是协议达成的和(或)由治疗师强加的(例如,会谈的持续时间和频率,协议长度,会面发生的时间和地点等)。然而,在以人为中心理论中不存在此类界定,即"治疗"的持续时间、地点和方式。鉴于以人为中心理论来访者体验的核心性、以人为中心疗法从业者的非指导性态度,以人为中心理论似乎表明其具有灵活性,但至少存在一些界限。由于在心理咨询与治疗的发展史上,心理动力学理论与实践中的很多界限都被普遍接受,甚至变成了强制性规定(Wilkins,2003:30-32)。以人为中心理论则基于完全不同的前提,因此,基于有关人和治疗本质的其他模型来对其进行判断是错误的和有失公平的。然而,以人为中心疗法的治疗师有权利、偏好和道德义务,在结构界限的设置和操作时必须考虑这些因素(Wilkins,2003:128)。也许对于有些治疗师来说,和来访者每周

第四部分 以人为中心疗法的批判与反驳

进行一次会谈，每次一小时并不稀奇，但治疗师必须慎重考虑和讨论，由合作同事实现事先监督。

重要的是，在"权力"和来访者自主性方面，以人为中心疗法和其他疗法可能会有很大不同。因为以人为中心疗法认为来访者最了解自己的生活，他们受到潜在的、积极的实现倾向的驱动，以人为中心治疗师不能在伦理上为来访者承担责任。承担这样的责任将违背治疗师的意愿，并会损害来访者行使（或不行使）个人权力的权利。也就是说，这将是指导性质的。尽管其出发点是好的，但根据定义，这一点不利于治疗，甚至可以说是不道德的。这对于（例如）谁来结束治疗、如何结束、治疗师对以前的来访者负有什么责任等有一定影响。关于这些问题的结论很可能与其他方法不同。从本质上讲，从以人为中心的角度来看，在给定的伦理框架中，重要的是其功能界限，可以对特定来访者进行合理灵活的回应，而非结构僵化，其结构就是一系列预先设定的行为（Mearns and Thorne, 2000: 48）。

100 KEY POINTS

以人为中心疗法：100个关键点与技巧

**Person-Centred Therapy:
100 Key Points & Techniques**

Part 5

第五部分

以人为中心实践

以人为中心实践的基础

51

尽责的以人为中心实践需要强大的理论基础、特定态度和个人特质

以人为中心实践的开始和持续阶段不仅仅需要理论知识和实践技能,与其他方法一样,在进行实质的治疗性接触之前有许多事情需要考虑和实施。

当然,有必要进行适当的培训,这应包括获得实用技能,以及全面认识由罗杰斯及其同事与继任者(第2、第3、第53个关键点)阐述的以人为中心理论。然而,作为以人为中心疗法的从业者,需要做的远不止这些。以人为中心的实践者倾向于谈论"以人为中心地存在"(being person-centred),好像它不仅是一种治疗方法,而且是一种存在方式。虽然,可以说,非"以人为中心的人"也可能成为以来访者为中心的治疗师(也就是说,可以将以人为中心方法的价值观带到治疗以外的范围,也许还适用于整个生活)。以人为中心的实践需要信奉哲学(至少在这个词的外在意义上)。哲学立场的某些东西已在第4个关键点讨论。由哲学立场引出的是对独立自主、本质健康的人的深层次敬意,对非指导性原则的承诺(见第5个关键点),对避免"权力过度"(power over)的意愿(第6、第37个关键点)。有效的以人为中心的培训可能会解决这些问题。

即使对于经验丰富的以人为中心的从业者,这些态度仍然是日常实践的基础与核心。虽然对任何一种治疗方法来说对实践的准备是一个问题,但以人为中心的理论和实践强调了一些与众不同的事情。本节主要阐述关于以人为中心疗法的治疗师所必须做的事。

52

在以人为中心的实践中,"咨询"和"心理治疗"两个词在很多情境中都会出现,两者可以互换

以人为中心的原则已经被应用于许多领域。毕竟,它们涉及在关系中的存在方式,在(例如)教育、社会、政治和文化变革、家庭与儿童工作中,甚至在研究领域中起着重要的作用,但最著名的是它被称为咨询和心理治疗的一种方式。然而,无论这些原则被如何应用,相关的治疗理论和实践都是很重要的。

"咨询"一词在不同的文化中有许多不同的含义。即使在英国,对于该术语的定义也不完全一致。所有这些都导致了对于"咨询师实际做什么"的不同假设。"咨询"甚至可以包括提供建议,甚至是训诫功能(disciplinary function)。对于"心理治疗"(Psychotherapy)一词的确切含义同样未达成共识。对于以人为中心疗法来说,情况更加不同,在理论上,咨询和心理治疗之间没有区别。也就是说,它们不是通过"深度"或持续度的概念来区分。以人为中心的实践是关于治疗师回应来访者及其主观经验的,无论它是否是同样的表达方式和同样的意图,无论他们是否被告知急性轻度焦虑、极度痛苦或可怕的早期虐待导致的慢性疼痛。换句话说,无论来访者将什么引入治疗会谈(therapy session),治疗师都依赖于本书前面部分和其他地方所阐述的理论知识,用共情理解和无条件积极关注进行一致性回应。至少从以人为中心的角度来看,咨询和心理治疗之间的感知差异是来自文化、历史和政治的既得利益(vested interests)。

最后,对于咨询和心理治疗之间差异的分歧是不可取的,因为它们基于不同的

100 KEY POINTS
Person-Centred Therapy:
100 Key Points & Techniques

定义。也就是说，有一个基本假设，即"心理治疗和咨询是相同的（或不同的），因为我相信它们相同（或不同）"。这导致了无效的循环论证。然而，在以人为中心的世界中，这两个术语的使用方式意味着它们在某些方面是不同的。例如，以人为中心方法的主要国际组织，即世界以人为中心和经验心理咨询与治疗协会（the World Association for Person-Centered and Experiential Psychotherapy and Counseling）与一些培训组织允许完成以人为中心咨询训练的人继续接受更深层阶段的培训，以取得以人为中心心理治疗师的资格。对于两者差异的理解没有统一定义，许多以人为中心的实践者将他们所做的仅仅称为"治疗"，而不是使用其他术语。这是一种以人为中心工作方法的实践，特别是以本书这一部分涉及的以人为中心的治疗方法。然而，无论实践被如何描述，相同的原理同样适用。

53

以人为中心实践的第一步是对以人为中心理论的全面认识

关于以人为中心实践的一个伟大而具有潜在危险的神话是,它在某种程度上是"理论自由"的,因此几乎任何人都可以在知识非常少的基础上使用它。这里存在一种认识:以人为中心疗法很容易学习,它仅仅是表现出友好和理解的问题。实际上,作为一个以人为中心疗法的治疗师,与从卡尔·罗杰斯的思想和实践中获得一系列技能(通常有些宽松)之间有很大的区别。以人为中心方法的实践需要的条件比所谓的核心条件更多。虽然可以确定的是,在治疗性接触期间,治疗师的焦点必须是来访者当前的体验,而不是理论解释,只有当治疗师真正理解以人为中心理论时,才能有效和安全地完成治疗。霍(Haugh,2012:15-17)提到了理论的四重重要性并写道:"在治疗性接触中理论被'轻轻地把握(held lightly)'。"她说,理论应该帮助治疗师留在来访者身边,而不是将来访者分类。

接下来所需要的是对以人为中心理论全方面的透彻理解,对与来访者相关实际情况的真正理解,对包括尊重来访者自主决定的立场的深刻承诺。要注意从业者的自我发展,可能包括在同伴群体(peer group)中丰富经验和长时间被督导的练习(supervised practice)。实现这一目标的最好方法是参加学界认可的以人为中心的培训课程。以"以人为中心咨询"核心模式的课程并不必然要提供以人为中心疗法的全面培训。作为以人为中心疗法的治疗师的有效实践不仅需要充分必要条件的相关知识,还包括个体以人为中心的模式(person-centred model of the person）和积极自我关注需要的相关知识，以及非指导性态度的根源、对实现倾向的理解与信念、评估价值条件如何产生及其如何影响发展。开始这一切的一个好方法是阅读罗杰斯的经典作品（e.g.Rogers，1951 & 1957 & 1959），阅读对这个基本理论的重新描述，例如默恩斯和斯隆（Mearns and Thorne，2000 & 2007）、玛丽（Merry，2002）和桑德斯（Sanders，2006b）的作品。

第五部分　以人为中心实践

54

以人为中心的从业者是与来访者而非病人一同工作

以人为中心的从业者将工作对象当成来访者而非患者是非常重要的，虽然它看起来对于许多治疗方法似乎是无关紧要的和常见的。术语"来访者"（client）最初由罗杰斯在 1940 年使用，他是计划要表明到那时为止一种不同的治疗关系。虽然现在经常认为这是理所当然的，与"来访者"一同工作的概念体现了大部分以人为中心的态度和对人的立场，即把他们看作是独立自主且自主做决定的人。此外，"患者"（patients）是指"生病"（sick）的人，并且依靠医疗人员治疗，以人为中心理论不认同寻求治疗师帮助的人需要诊断和专家指导。相反，我们每个人的机体内都包含促进自己成长和愈合的种子。我们可能需要一个同伴，但从来不是一个帮助我们决定什么是错的并将它如何改正的人。它不是治疗师技巧、技术和解释的专业帮助，而是体现一致性态度、共情理解和无条件积极关注的能力。在当时，这是一个颠覆性的、革命性的远离流行医学/精神病模型的概念，从许多方面来说，它现在仍然是这样。

这种态度对治疗的意义是非常重要的。不言而喻的是，来访者的发展过程是值得信赖的，所有的人都应该受到尊重。从一开始就传达这种态度并将其贯穿整个关系，这是以人为中心疗法的治疗师的首要责任。这意味着要考虑来访者如何被接待和交谈，如何提出协议条款（包括费用），如何（如果可能和相关）协商，治疗性接触将在哪个房间开始等。这其中（和其他）的每一个都有助于提升来访者被尊重、重视和信任的感觉。虽然有一些明显的事情[例如，避免家具及家具的安排传达出不同的地位（status）——别让来访者坐小椅子，而对面是一个大桌子，桌子后的大椅子上坐着治疗师！]，这些事情不可能统一规定，因为没有任何两个治疗师是完全一样的，我们的环境和情况不同，但重要的是，不管是在何种限制条件下，治疗师会找到温和且适宜的方式向来访者表明这种治疗关系的合作性和非指导性本质。

55

以人为中心实践的目标是提供一种有治愈性的关系

在某种程度上，不言而喻，以人为中心疗法是一种帮助关系，其目标是为来访者提供愈合和（或）成长的机会——这是咨询和心理治疗的整体目标。然而，以人为中心理论特别关注如何在实践中做到这一点。通过实证观察，充分必要条件实际上促进了"建设性人格改变"。基本上在关系质量问题中，理解是重要的，而非专业知识和技术的应用。有一个获得大量支持的结论，即来访者发现有用的是一种关怀、尊重、理解的关系，在这种关系中他们可以在没有障碍或干扰的情况下检查和分析他们的思想和感觉（Howe，1993；Proctor，2002：89-90）。以人为中心从业者的第一任务是提供这种高品质的关系。其基石是治疗师的态度和对非指导性态度的承诺，以及一个对来访者的实现倾向和值得信赖关系建立过程的信念。这种态度和信念，决定了实现六个充分必要条件（不仅仅是所谓的"核心条件"）的愿望和能力。这是因为，尽管治疗师在关系中提供一致性条件、共情理解和无条件积极关注的态度是至关重要的，但只有在来访者和治疗师建立的关系中，来访者的焦虑和脆弱性与来访者感知到的被治疗师尊重和理解的感觉，才是有效的。忽略任何一个或多个充分必要条件，就会冒失去理解整体关系中发生的事情以及关系中参与者的需要和感知的风险。相反，只将注意力集中在核心条件上相当于只注意治疗师的行为、感觉和意图，问题就变成了"我是一致的/共情的/接纳的吗？"，而不是"我的来访者和我建立联系了吗？""我的来访者需要治疗吗？我能提供什么有用的帮助[即我的来访者不仅和我不一致，还脆弱和（或）焦虑]？"和"我的来访者感知到我的共情和无条件积极关注了吗？"。治疗师提供的条件改变了治疗师和来访者的关系。

仅仅依赖于关系中的一致性并且提供共情和无条件积极关注的另一个危险是，这些是从关系品质转变而来，针对提供给治疗师的技能而言，关系品质是复杂协作和共同创造的关系的一部分，而不是与来访者相关的存在方式。这对于治疗关系是有害的，因为这不仅关系到治疗师，还关系到来访者和治疗师为关系带来什么和他们如何合作共同创造它。此外，在任何情况下，认为提供给治疗师的条件是三个不同的实体可能是一个错误。虽然罗杰斯在他有关充分必要条件的经典陈述中，选择确认和描述了三个为治疗师提供的要素，很有可能这需要考虑到：有关人们相信一件事情在现实中会是怎样的表述（见第14个关键点）。当然，当涉及"存在"（见第25个关键点）和以强调关系深度来工作（见第38个关键点）等现象时，分离这些条件似乎是无关的，可能也会干扰治愈关系。

56

以人为中心疗法依赖于治疗师是什么而非治疗师懂什么

全面认识以人为中心疗法理论对于成功治疗实践的重要性已经被指出（见第53个关键点），但是这还不足以确保治疗师可以提供有效的关系。因为以人为中心疗法不仅强调了来访者"个人"的重要性，而且强调了治疗师个人的重要性，所以后者有专业义务来关注个人的成长和发展。正如运动员通过锻炼和训练保持和改善身体状况，为了来访者和他们自身的健康，强烈建议以人为中心疗法的治疗师注意自身的心理和情感健康。然而，虽然运动员保持身材是为了避免肌肉紧张和力量的损失，但以人为中心疗法的治疗师注意心理健康的目标是，比方说，避免"倦怠"（Mearns，1994：29-33）以及之后有效性的降低和罹患疾病的可能。

当然，这不是以人为中心疗法所独有的，然而在主要的以人为中心方法中，有一些方法对个人治疗在培训和继续职业发展（CPD）中的位置有明确的认识，尽管这并不是硬性规定的。但是，以人为中心培训方案很可能包括某种形式的个人发展和专业培训。这可以作为在实践过程中进一步发展的基础。个人发展的目的是使治疗师能够以对双方都安全的方式提高其与来访者有效工作的能力，并逐步提高这种有效性。它涉及处理盲点和限制无条件积极自我关注，以便共情和无条件积极关注来访者的痛苦。它还关系到保持有效的以人为中心疗法所需的能量和热情。

与来访者密切合作是对治疗师个人资源的要求，它可能会产生压力。这种压力可以通过督导和同事的支持来改善，但有效的工作需要以人为中心疗法的治疗师采

100 KEY POINTS
Person-Centred Therapy:
100 Key Points & Techniques

取积极的方法进行休息和娱乐。这是因为职业倦怠的症状包括一致能力的下降，因为从业者对保护自我结构的需求日益增加而产生几乎不能忍受的压力。关系中保持一致性是六个充分必要条件之一，所有这些都是建设性人格改变发生所需要的。没有治疗的一致性，治疗性改变的前景是有限的。此外，当处于这种压力时，以人为中心疗法的治疗师可能比来访者中心疗法的治疗师更聚焦于来访者的问题[因为前者似乎更容易处理和（或）对治疗师的个人资源要求较低]，并且对于协议界限（contracting boundaries）更加僵化。这涉及对来访者共情能力的显著缺失，并且几乎肯定会缺乏无条件积极关注的能力。这些事情也相当于从非指导性态度向指导性的重大转变。这再次与以人为中心理论的要求存在冲突，甚至有可能在来访者工作的效率和深度方面变得越来越自我欺骗（self-deceptive）。默恩斯（Mearns, 1994:31）认为以人为中心疗法的治疗师由于过度卷入，可能变得反应倦怠，表现为将自己作为强大或甚至无所不能的代理，而不再是来访者自己改变过程的促进者。这再次走向一种指导性的专家立场，这涉及共情（因为它是关于治疗师的参照框架）和无条件积极关注[因为它涉及想象（envisaging）和强加治疗师的"解决方案（solution）"]的减少。倦怠的可能性是督导的问题，但它的预防和"治疗"是对个人发展的关注。

正因为它是基于来访者需求和来访者的个人改变过程，所以对于以人为中心疗法的治疗师的个人和专业成长应该如何做统一规定是不可能的，也是不可取的。我们每个人在不同时间都有不同的定性和定量发展需求。某些个人治疗是治疗师的一种传统资源，因为它包括维持心理、情感和精神健康，增加对人性和个人成长的理解。其他方法包括精神或冥想练习（meditative practice）、个人经验的系统反省（systematic reflection）（例如通过记录梦境和日记）、阅读富有创造性或想象力的文学作品，以及用创造性的方法来放松（Wilkins, 1997b: 123–142）。

以人为中心疗法的初始过程

57

在以人为中心疗法中，与新来访者开启会面是一个卷入和被卷入的过程

虽然在一些人的眼中，以人为中心疗法的治疗师对实践的态度，特别是对于协议和界限（contracts and boundaries）的反应，是"随意"的，甚至是漫不经心的，事实上，一个新来访者的治疗要求治疗师考虑很多问题并执行与这些事情有关的一些进程。这包括评估过程（虽然许多以人为中心的从业者既不这样称呼，也不这样认为——见第32个关键点），"协议"（contracting），即与来访者对治疗的条款和条件达成一致，尽管这些可能是灵活的，也还要考虑并明确治疗师和（或）在其主持下提供治疗的机构或服务施加的界限。所有这些都需要仔细考虑道德和专业问题，它们将在后面几个关键点中得到解决。在以人为中心疗法的本质上，对于每个来访者/治疗师的关系来说，做法会有所不同。以人为中心疗法是关于两个人的相遇，人与人之间的会面，所以每个开始都是特殊的，而不是通过一个清单一成不变地工作。然而，专业的或机构的义务，是要确保来访者清楚地知道可能会发生什么及治疗所提供效果的局限性。

然而，"发起"治疗的过程不是一些独立的元素，首先要做的事情不同于治疗本身。与来访者的第一次会面可以被描述为评估会面或建立协议的阶段（这可能是治疗的必要方面），但重要的是认识到治疗关系在第一次接触的时刻就开始了（甚至在面对面会面之前就开始了）。因此，治疗师对来访者而言应该是有利的，是作为值得尊敬的、完善的、当下的人，即使是在执行行政管理（administrative tasks）任务。无论发生什么，至关重要的是，来访者的需求不是治疗师为了完成所有列出的必要

100 KEY POINTS

Person-Centred Therapy:
100 Key Points & Techniques

选项而进行工作的需求。甚至在这个过程中，以人为中心疗法的治疗师要注意他们的来访者，并以无条件积极关注和共情理解作出回应。首次咨询的来访者，甚至对治疗过程有很好认识的来访者，在与治疗师的第一次会面中往往感到不安和焦虑。如果治疗师过分关注收集或传递信息，那么可能会阻止来访者的表达（因为一些来访者更微妙或暂时的需求表达被遗漏），他们会漏掉治疗师认为重要的东西。在这些早期阶段，正如在既定的治疗关系中，治疗师的主要责任是以真诚、温暖、理解他们的方式进入来访者经历的世界。

58

以人为中心疗法的协议和结构

正如托兰（Tolan，2003：129）指出的，所有的关系都有规则，当然，这包括以人为中心疗法中治疗师与来访者的关系。这些规则包括时间、空间和允许行为（来自任何一方和他们之间）的界限，保密性问题以及如何付款、由谁付款。这些规则是保护来访者和治疗师，以及满足治疗发生的机构或组织的需要。它只需要一点时间来实现，一开始，大多数规则可能是治疗师知道而来访者不知道。治疗的初始任务之一是使它们明确并且就它们如何运行达成一致意见。

从治疗师的参照框架施加规则和条件似乎与非指导性原则和来访者自主性相矛盾。然而，尽管术语"以人为中心"，特别是"以来访者为中心"似乎意味着强调来访者的权利和愿望，但这并不意味着这是以牺牲治疗师的权利为代价而实现的。这是主导转换的关系，这涉及两个人。只有在满足双方的需求时才会创建一种愈合关系（healing relationship）。以人为中心疗法的治疗师，其职责之一是确保自身健康，使他们能够作为一致、共情、接纳所有来访的人。这意味着他们必须以保持和保护自己的方式组织其会谈，同时这些会谈仍然完全可用于他们的来访者。这是界限的目的之一。也就是说，以人为中心疗法有灵活性，规则也不一定是一劳永逸的。以人为中心疗法是一个协商和再协商（negotiation and re-negotiation）的过程。它是一种愈合关系的共同创造过程。然而，治疗师的任务是放低姿态，共同创造可以进行治疗的基础。

从与来访者首次接触的那一刻起，以人为中心疗法的治疗师就有义务对管理关系的"规则"做出明确陈述。这包括明显的事情，如会面将在何时何地发生、持续

100 KEY POINTS

Person-Centred Therapy:
100 Key Points & Techniques

多久、付款、如何处理取消等。这就是托兰（Tolan, 2003：130）所称的"商业协议"（business contract），但她也提出要注意协议的另一个方面，即"治疗性协议"（therapeutic contract）。强调来访者的需求和期望以及治疗师的角色，这是以人为中心疗法中所期望达到的权力均衡的开始。在治疗的开始阶段，治疗师对来访者可能发生什么事情以及事情如何发生有更多的了解。知识就是力量。减轻这种不平衡的一种方法是通过解释将要发生什么，包括治疗师的责任，来"阐明"治疗的过程。

因为（按定义）来访者是脆弱或焦虑的，他们在一个"协议周期"（contracting session）开始时不太可能接受他们被告知的关于签订协议的每个方面，所以在信息表里至少列出要点是较好的做法。该表可以在第一次会面之前、期间或结束时给予来访者，但是给予来访者时，可以鼓励来访者阅读该表并提出关于其内容方面的问题。以人为中心疗法的治疗师的工作就是回应来访者要求的事情，但不一定提供不被质疑的详细说明。然而，这些当然应该解决，但可以稍后提出。

但是，无论如何进行、内容如何，严格意义上说协议周期不是那种独立于治疗之外的东西——它不会在建立治疗关系之前发生，它是治疗过程的一部分。因此，即使是"业务"（business）方面也要根据充分必要条件制定协议。很有可能在这个过程中，来访者会传达他们的需求和（或）存在方式——这将被适当回应。

第五部分　以人为中心实践

59

以人为中心实践的评估

　　除了签订协议的过程，以人为中心治疗关系的初始阶段将涉及某种评估过程。支持还是反对在以人为中心疗法中进行评估和诊断的争论前文已有提及（见第32个关键点）。虽然诊断被认为是不必要的、无益的，甚至对以人为中心治疗的过程有潜在的伤害，对来访者的评估和诊断也有相似的问题。然而，在许多实践中，即便不是绝大多数，以人为中心的从业者确实都进行了可能性评估，通过可能性评估将能够提供一种包括罗杰斯针对特定来访者的、特定时间的、特定地方的六个条件在内的关系，即使他们不将其称为评估而称之为别的东西。这不是诊断，是强调（潜在）关系而不是来访者。在正确的情况下，来访者将出现建设性人格改变。任何对这个前景的限制更可能取决于治疗师，在某种程度上，以人为中心的评估的一部分是对治疗师能力的检测。

　　评估以人为中心疗法成功可能性的一种方法是负责任的治疗师基于充分必要条件提出一系列问题，例如：

　　① 我的潜在来访者和我能够建立和保持接触吗？

　　② 我的潜在来访者需要并适用治疗吗？也就是说，我的潜在来访者处于不一致、脆弱和（或）焦虑状态吗？

　　③ 在与潜在来访者的关系中我能保持一致吗？

　　④ 我可以无条件积极关注这个潜在来访者吗？

⑤ 我能够共情理解潜在来访者的内部参照体系吗？

⑥ 我的潜在来访者能至少在最低限度上感觉到我的无条件积极关注和共情吗？

如果这些问题的一个或多个答案是"否"，则没有满足六个条件的必要性，并且根据定义，不会发生治疗性改变。在这种情况下，以人为中心疗法的治疗师有义务解决这个问题，或许是在督导下，但是如果难以持续提供有效关系，婉拒协议。这就是评估。

评估的额外作用在于改变治疗过程的七个阶段（见第 17 个关键点）。这表明来访者和治疗师可能的存在方式。虽然对来访者的治疗过程有很大的个人差异，没有人完全处于一个阶段或另一个阶段，但是知道来访者所处的过程阶段可以帮助治疗师做出适当的道德和专业决策。

治疗过程阶段意味着治疗师处理不同阶段的来访者所要求的目的存在质的差异。例如，在阶段 1 和阶段 2 的人不可能自愿进入治疗，或者即使他们这样做，也不太可能持续下去。阶段 3 的人可能承诺咨询协议，但可能没有完全理解它的影响。这样的来访者需要完全接受，因为他们要进入后续阶段。限制对来访者外显的和当前体验的共情回应可能是最有效的。大多数来访者处于阶段 4 和阶段 5。他们有一些洞察力和改变动力。这里，回应觉察材料边界（edge of awareness material）（见第 22 个关键点）和工作关系深度（见第 38 个关键点）变得可能，并且"存在"（见第 25 个关键点）可以自发地发生。阶段 6 至关重要。在这个阶段，最可能发生不可逆转的建设性人格改变。以人为中心的实践者这个阶段的全部指令应该是适当的。在阶段 7，治疗旅程或多或少可以结束了，或至少现在可以没有陪同的治疗师。对这些事情做出判断就是评估，需要采取适当的措施。

充分必要条件和治疗过程的七个阶段为以人为中心疗法提供了一个适当的实际评估计划。它们提供了一个指南：

- 确定成功治疗的可能性；

- 监控治疗过程；

- 适当的治疗师回应和存在的方式（虽然这不太重要）。

重要的是要记住这些是指导方针，每一段关系都是独一无二的，需要独特的回应，它们对健全以人为中心的实践至关重要。

60

建立信任

以人为中心疗法取决于信任。首先,基本信任对人的实现倾向和实现潜力的价值和推动作用是不言自明的。换句话说,来访者是值得信赖的——在适当的条件下,他们将做他们需要做的事情。对以人为中心疗法的治疗师的主要要求是建立对他人潜力的信任。正是为了这个目的(和其他的),培训方法关注个人成长是明确的(见第53个、56个关键点)。关于充分必要条件的信念对于以人为中心疗法至关重要。在这之后是对治疗过程的信任。有时候,这被明确地表达为"信任过程"(trust the process),但这不应被视为暗示自由放任的态度是足够好的。正如图德和玛丽指出(Tudor and Merry, 2002: 145)的那样,还有必要"加工信任"(process the trust)。信任过程主要由各种约定组成,是一种对将要发生事情的理解,也是对治疗关系的主动促进。然而,这是一个假定,为了以人为中心的治疗工作,以人为中心疗法的治疗师必须信任来访者、治疗过程和他们自己。来访者也必须同样信任这几点。当他们第一次会面时,来访者不可能对治疗师和治疗过程有真实的信任,对他们的机体经验也肯定没有真实的信任(否则他们不需要治疗)。因此,"建立信任"(establishing trust)是治疗关系早期阶段需要解决的问题。

信任在治疗关系中是重要的,因为它需要更大的开放性和更少的防御性。信任是改变的前兆。然而,来访者不会完全随治疗师的意愿产生信任。通俗而言,必须获得信任,让来访者相信以人为中心疗法的治疗师这样做的方式是可信赖的。可信度是治疗师的一致条件("我展现的与我的本质一致")、无条件积极关注("我看到并接纳你的本质")和共情理解("我准确地感觉你是怎么样的")的产物。

鉴于这些方面，来访者会认识到，治疗师不打算操纵他们做某些事，接纳是无条件的。明确支持治疗关系的"商业协议"（business contract）（见第58个关键点）也是可信赖过程的一部分。说明治疗的界限和对他们的控制事关信任。解释可能的治疗过程及治疗师和来访者的角色（治疗协议）能处理来访者可能存在的一些不确定性和恐惧，这也有助于保证可信度。任何解决治疗师和来访者之间初始权力不平衡（initial power imbalance）的尝试也会有所帮助。这涉及治疗师的开诚布公。然而，来访者认识到治疗师的可信度可能是一个缓慢的过程。毕竟，对许多来访者来说，信任是一个大问题。他们可能已经知道，信任他人是危险的，并将其纳入他们的自我概念。促进建立信任的一个方法是无条件接受来访者的不信任。

重申一遍，信任的建立最有可能发生于对治疗师真正接纳、温暖和理解的回应中。它可能是一个逐步的过程，是随着来访者被接受的经验以及他们发生的变化（朝治疗目标）愈加明显而逐步增加的。针对这一点，来访者将更多的经验转化为觉察，随着被接受，信任将更深。

支撑以人为中心实践的基础态度　61

实践中的非指导性

虽然上一节讨论的很多内容以及后面将要讨论的内容大部分隐含或明确涉及以人为中心疗法实践中实施的非指导性态度,但这是一个必要的原则。关于非指导性态度的一些具体的理论观点在第 5 个关键点中进行了探讨。值得注意的是,非指导性是指接受来访者的价值,他们是自己及其在世界上存在方式的"专家"。然而,这不仅仅是哲学立场,而是涉及道德的实践立场。这也是以人为中心疗法内外容易出现杜撰观点和被误解的方面。

首先,"非指导性"不是被动的,不是仅仅因为害怕他们偏离其对世界的主观经验而模仿来访者的话。非指导性需要积极地传达对来访者生活体验的理解,要仔细考虑以下来访者语句:

我真的很讨厌自己,我想要结束一切,你不认为这是最好的办法吗?

简单的、错误的"非指导性"回应可能是:

你讨厌自己,并想杀死自己,你想知道我是否认为这是最好的。

然而,更符合非指导性态度的回应将是:

你现在真的很挣扎，对自己感觉很糟糕，事情是如此的糟糕，你看不到未来，想知道你死了是否会更好。

根据来访者所表达的其他内容（语调、姿势、姿态、面部表情等），换句话说，非指导性方法还包括对情感表达的参照：

你现在真的很挣扎，对自己感觉很糟糕。当你告诉我这些，我可以看到你眼里的眼泪，你的声音哽咽了。事情是如此可怕，你看不到未来，你想知道你死了是否会更好。

在后面的回应中，没有从治疗师的参照框架引入任何内容。但是有一个也许可被称为来访者情感状况的参照框架，要么是采用观察的形式（眼泪、哽咽），要么是了解来访者自己语词上的重新组织。当然有比这些更好的，如通过对来访者情感表达的准确命名，但这些做法都不能超越情感表达的实际，或者所命名的与情感实际表达只能有一个很小程度的差别：

你现在真的很挣扎，你感到疼痛和痛苦。你是如此绝望和凄凉，你想知道你死了会不会更好。

这可能是一种有效的治疗方法，但它仍然不是"非指导性"的意思。

理想的情况下，老实说，实际上并不总是这样，非指导性需要治疗师积极地体验和回应来访者经历的世界。有时候，在以人为中心的咨询过程中有一种穿别人鞋子的比喻。它是关于体验来访者经验的，而不仅仅是观察它。这需要对来访者的高质量关注，并且没有从治疗师角度进行分析、诊断等的空间。它是关于整体和协调一致地实施治疗师提供的条件的。

正如布鲁德利（Brodley, 2006: 46）指出的那样，以人为中心疗法的非指导性不是以一种方式表现，而是一种态度。虽然非指导性不允许所有形式的行为（特别是那些与在来访者身上施加治疗师参考框架有关的行为），但它允许根据来访者表达的经验对来访者进行各种回应（无论是否是文字表达）。

虽然我对于这项"假定"持有一个略微不同的看法，但是在非指导性的情况下，格兰特（Grant, 2010: 225）认为"只关注被给出的信息"是一个很好的标准。

62

来访者是自己的专家，是自我成长和治愈的积极力量

研究证据表明，治疗性改变的过程，大部分是源于来访者的贡献（Bohart, 2004; Bohart and Tallman, 1999 & 2010）。这可以是来访者/治疗师关系的形式和（或）有时被称为"额外治疗变量"（extratherapeutic variables），其包括来访者资源之类的东西。也就是说，除了对治疗师一致地表达无条件积极关注和共情回应外，来访者也要以某种方式积极地促进他们的建设性人格改变过程。实际上，治疗是一种双方协作努力（collaborative effort），而不是治疗师对来访者或为来访者所做的东西。事实上，甚至可能是来访者在做大部分的积极工作。

来访者似乎善于积极使用治疗周期（therapy session）中发生的一切。他们这样做，例如，通过超越说过的或做过的表面上的事情，对治疗师回应时他们的态度和价值观更加一致和稳定，而且他们能够积极利用他们能够利用的一切。他们以自己的方式这样做，不管治疗师可能想要什么。例如，作为一名咨询课学生，我目睹了一位团体治疗师对来访者表现出愤怒和不耐烦。他对她大喊，叫她没用的人，表现得激进而有冲突性。然而，在谩骂的过程中，他说："你有没有想过，只是因为你的母亲疯了，这并不意味着你疯了？"虽然我预计过来访者被伤害的过程，却还是感到前所未有的强烈，她似乎快要气疯了。我怀疑，她没有"听到"所有的对抗性、攻击性东西，但她的确听到了其价值和理智完全赞同的陈述。她建设性地利用了有助于其目的的互动。

100 KEY POINTS

Person-Centred Therapy:
100 Key Points & Techniques

此外，有时候，来访者会努力引导治疗师去往他们需要去的方向。这可能是最常见的做法，即只回应治疗师共情和积极关注的部分——也许甚至扭曲了一点儿。在这种情况下，治疗师必须留意来访者的暗示。这并不总是像听起来那么简单，需要一种超级敏感性（super-sensitivity）（"我说的事情我的来访者真正回应了吗？"）并愿意放弃想法，跟随来访者的经验，无论这些想法是否准确（见第63个关键点）。

正如桑德斯（Sanders, 2006b: 92）所指出的，来访者可以利用不良反应，但这并不是其糟糕做法的借口。关键是，来访者不是简单被动地接受治疗师的治疗，而是作为接受治疗和改变过程的积极力量。来访者恢复、成长、治愈，即使他们似乎没有做什么心理治疗理论要求他们所做的事情。在任何方面，来访者都负主要责任。实践的含义是，治疗师保持非指导性和交流治疗师提供的条件是必要的，但最重要的是，治疗师的工作是信任来访者以自己的方式运行改变过程，而不是阻碍他们。无论如何，在六个充分必要条件下，这种方法运行得更好。

63

以人为中心治疗师的工作是跟随来访者，撇开理论认识和其他"专家"知识

值得强调的是，虽然从非指导性态度的整体概念来看，无论以人为中心疗法的治疗师将什么经验和知识带到实践中去，他们的工作是将自己沉浸于来访者的经验中，对此做出回应，而且仅对此做出回应。理论和知识对实践的指导，对培训治疗师以及维持他们的状态是有益的，但他们必须不妨碍高质量关注来访者的语言和体验。作为治疗师，我们"知道"（know）我们的来访者正在经历、曾经经历、可能将经历的事情时，我们可能会变得能够从他们实际上告诉我们的和（或）我们存在中正经历的事情上转移出来。这违背了以人为中心理论告诉我们的可能会有帮助的东西。最有帮助的是尽可能地追踪来访者的经验，并相信如果你这样做，来访者也将做他们需要做的事情。也许用故事来说明这件事是最好的方式。

当我作为治疗师进行培训时，我有一位来自西非的来访者。在我们的第一次会谈中，她告诉我她经历了多重的损失。她最近流产，一个亲密的亲戚死了，她远离她的家庭和文化。我在心里摩拳擦掌，我知道这是失去和悲伤的问题。我知道悲伤的过程——我读过书，参加过讲座。来访者要做的就是告诉我她的故事，作为一种促进她进步的方式，度过了悲伤阶段，她会变得很好。我与来访者的第二次会谈，我期盼地等待她告诉我她的损失。但是她却没有。经过几句简短的话，她的头低下来，没有更多的言语。我了解沉默，沉默是件好事。半小时后，我变得不太确定这一点。难道我的来访者没有利用她与我的时间？难道她不应该处理她的悲伤吗？我轻轻地告诉她，我们正在进行会谈。她抬起头，悲伤地微笑着，但什么也没说。她的头又

低下来了。五分钟后，我再次说话。她仍然只是一个悲伤的微笑。在会谈结束时，我们预约了下一场会谈。好吧，我想，下一次我们会根据她需要的帮助来进行会谈。

下一次及后续会谈以完全相同的方式进行。我开始质疑我作为治疗师的能力。我一定做错了什么事，因为书里没有这种说法。在我们的第十次会谈结束时，我的来访者说她不会再来了，这似乎证实了我的自我质疑。她说她有考试，并认为她应该自己适应经历的这些事。我以为她是委婉地让我明白我没有帮助到她。

大约在我们最后一次会谈的一个月后，我的来访者来找我并带来一份礼物。她告诉我我多么好，她已经出色地通过了考试。这一切都是由于我。我思考了我们在一起的过程后有一些吃惊。当然，我不知道我的来访者实际发生了什么（什么是有用的也变得不再重要），但我对自己的解释是，她利用我们一起度过的时间来想象自己回到家园，在她的想象中，我在某种程度上是一个伴侣。对她来说，有反思的时间和陪伴很重要。

无论事情的真相如何，我学到了很多，比如关注的力量、陪伴来访者的真实过程和经验（而不是寻求推动一个对来访者"好"的方向），以及放弃我的知识的重要性。我实践得越多，越能看到高质量的关注、陪伴和走入（turn into）来访者是多么的重要。在我看来，我是通过观察、体验和倾听来使来访者明白我真的正在以能让他们受益的某种方式，理解且接纳地"听"他们。

当然，理论对于理解来访者可能如何对生活事件作出反应是重要的，但是了解之前重视来访者更加重要。

64 成功的治疗需要所有充分必要条件

实践中的充分必要条件

不言而喻的是，建设性人格改变的充分必要条件是非常明确的。因此，至少以来访者为中心的立场来看，所有以人为中心疗法的治疗师所需要的是确保协议的制定，并且协议一旦建立起来，使用三个治疗师的条件，以这样的方式让来访者感知到共情理解和无条件积极关注。这样做的主要方式是"检查感知"（checking perceptions）。大多数治疗师回应背后隐含的问题是："这是我认为的你的意思/你的感觉/你正在经历的……我说的对吗？"然而，这样的问题不是以人为中心治疗师的主要工具之一，他们更可能通过传达他们对来访者曾经说过的或他们关于来访者目前正在经历事情的印象的感觉，来检查和沟通他们的理解。"你很伤心"比起"我想，你正告诉我你很伤心，我说的对吗？"可能是一种更有效的回应，另一方面，以人为中心的术语，比"你悲伤吗？""你感觉如何？"更好。这是反射的"技术"。 通常，相比反射任何其他事物，更关注反射感觉，但来访者的想法也很重要，应该得到回应。当然，即使来访者谈论过去的事件，治疗师的主要焦点也是当前的体验——来访者的最初感受，也同样（由于各种原因，包括监控一致性）是治疗关系双方自己的最初感受。这并不意味着以人为中心的治疗师会忽视任何一个如"当我是一个孩子……"或"在我来这里的路上……"这样类型的以及所有事情之间的历史性表述，而只是更希望从当前视角来理解来访者正讲述的故事，所以，治疗师的回应应该是从理想的即时状态去收集来访者正在体验的有关所讲述故事里包含的东西。

在现实中，以人为中心疗法的过程和以人为中心疗法的治疗师的回应要比仅仅

"反射"来访者的经验复杂得多。一开始，因为以人为中心疗法总是关于特定的个人和特定的关系，治疗如何将随着关系的不同而变化，随着时间的推移，来访者需要经过七个过程阶段（第17个关键点）。回应的类型可能需要与治疗师对来访者素材的不同反应相一致。虽然许多以人为中心疗法的治疗师会用共情回应作为以人为中心疗法的主要工具，但有时候，也许为了维持或恢复一致性，需要不同类型的回应。这一节内容是关于充分必要条件如何实施，以及实施的复杂性的。

第五部分 以人为中心实践

65

实践中的接触

第一个充分必要条件是治疗师和来访者在心理上的接触，这被定义为每个人形成的有关对他人经验领域的最小的印象。对于我们大多数人来说，大多数时候，这可以视为一个给定的定义。当我们在另一个人的面前，我们几乎总是知道并至少采取了一些解释：他们是谁，他们如何，他们在做什么，以及这一切如何影响我们。我们也可能有一些关于我们如何影响对方的觉察。然而，这并不意味着，在以人为中心的实践中，接触可以被假设和忽略——它是被故意培养的，并且治疗师对来访者的认可是治疗成功的基础。另外还存在不同程度的接触，并且接触深度也将影响或引导治疗师对来访者做出回应的方式。正如桑德斯（Sanders, 2013: 15）所说："治疗师必须刻意参与以与来访者建立接触。"

在正常的事件过程中，存在直接的相互接触。它涉及每个人的识别和确认。接触意味着进入一段关系。正是通过接触他人，我们能够感知自己是有意义的存在，对方的确认也证实了我们的现状。这就是为什么接触是有效治疗的基础的原因之一。

在正常的事件过程中，个体之间的接触经由各种渠道发生。我们所做的或所说的一切都是沟通，而沟通涉及接触。我们穿衣服的方式，我们的坐姿或站姿，我们的面部表情和手势，甚至我们的香味以及我们说的话都有助于接触。即使是我们说的话，也有一些影响接触的东西。语调、口音、口头表达（嗯嗯、啊啊等）和我们的发言速度都有助于看似简单但实际上很复杂的接触过程。至少在某种程度上，以人为中心疗法的实践需要治疗师注意这些事物中的每一个——并且可能是其他事物。然而，为了说明接触的复杂本质，一致性是重要的。（举例）为了"接触"用轻柔、温和的语调说话,但这与治疗师的内在状态并不一致,或者为了"适合"接触的需要而"穿着朴素"(或穿着奇特),当这些做法与治疗师正常的存在方式完全不一致时,这样的接触就是一种错误。所以,我们每个人与他人接触的方式以及是否可以被他人接触都是个体性的。基于人们本性的正确存在是接触最好的保证。另外,如何保证和传递接触也会随着关系的不同而变化,针对任何特定的关系而言,接触也会随着时间的变化而变化。因此,关于怎样与另外一个人接触并没有明确的规则,重点在于承认他们的存在并且在与他们接触时自己是开放的。在以人为中心的治疗中,它涉及共同意义的发展和工作关系的共同创造。然而,可能存在启动和(或)保持接触的障碍,并且治疗的有效性可能与其深度有关。

66

治疗师的接触有效性

我们大多数人的接触有效性和接受他人的意愿是有限的,这是人之常情。有时这是因为我们有自己的负担,而对另一个人的需求作出回应似乎会增加负担,所以我们很容易屏蔽他人,甚至是在需要做回应的时候。例如,当我们累了、生病或沉浸在我们自己的心理或情感过程时。有时是由于不接受另一个人的生活方式,觉得他们是疯狂的、不好的或悲伤的,我们不想与他们有什么关系。当我们面对我们不赞成的行为时,当我们面前的人引起恐惧或将我们与我们的偏见联结时,或者当我们害怕如果被看到将导致我们被拒绝时,我们可能(例如)阻止接触或至少限制其深度。所有这些限制了被卡梅伦(Tolan,2003:87-92)称为"基本接触(basic contact)"的有效性。

来访者几乎总是对治疗师的经验领域(experiential field)产生最少的印象,这是事实,我们有责任将其对我们的态度引入治疗室,这也是事实。这使以人为中心疗法的治疗师有责任监控其接触有效性,并且当它被限制时,解决任何可能阻碍它的问题。这牵涉到致力于提高幸福感的问题(例如,通过确保充分的休息和娱乐),持续关注个人和专业成长,或许最重要的是获得良好的督导。

除了可能干扰或限制基本接触的事情之外,还可能存在中断该过程的事情。这些(Cameron)包括:

- 被会谈以外的事情分心("我需要什么样的茶?");
- 关心是否是一个足够好的治疗师("这是否是一个好的回应?");

- 或者，与此相反，进行自我表扬（"哇，我刚才真的表现得很共情！"）；
- 感到震惊（"你做了什么！"）；
- 识别（identification）（"当事情发生在我身上……"）；
- 被来访者吸引（"我真的喜欢你，我希望我们……"）；
- 解释/分析来访者（"虽然你没有这么说，但我听起来好像你被伤害过"）；
- 烦恼（"你抱怨了，我很生气"）。

正在进行的接触过程的中断是与他人关系的正常部分。然而，以人为中心疗法的治疗师有责任监控和解决这些事情。大多数情况下，这是捕捉分心的思想或感觉，然后回到正轨。这可能涉及一致性回应（坦率讲每个人都会分心）——当你告诉我时，我很震惊，或"我很抱歉，我被我自己的想法分神了"，因为来访者可能会注意到一些东西是不对的。或者可能存在一种无法保持接触的模式，然后注意到发生了什么，当它发生的时候会出现什么结果，在督导下解决它，或者个人治疗也可能是一种解决的方式。

67

来访者的接触有效性

根据定义，从以人为中心疗法的角度来看，来访者是不一致的，是脆弱的或焦虑的。这可能很大程度上限制了他们持续接触的能力——当然是指深度接触 [但是注意，基本假设不需要接触"深度"（depth），并且对接触质量有不同的意见]。在一些情况下，潜在来访者可能处于一种状态或一种存在方式，即阻止有意义的接触。这是先期治疗和接触工作需要关注的地方，这需要分开处理（第34、第68个关键点）。具有接触能力但是（暂时）感到困难的来访者可以在更深和更持续的接触方向上被促进。

来访者的接触有效性可能受到其当前体验的限制或阻碍。愤怒、害怕或被事件淹没的存在感，都会导致退缩倾向，并以防卫的方式行动。同样，在酒精、一种或多种其他药物（处方药或其他）影响下的来访者可能是疏远的，似乎他们与当前经历的环境被切断，给治疗师的印象是他们不存在于世界上 [或至少与治疗师相同的世界，但是卡梅伦（Cameron，2012a：122）认为"在影响下"不完全排除足够的接触]。对于某些人，与其他人保持距离或限制接触是对价值条件的响应。允许其他人靠近是危险的，被视为威胁。正如治疗师可能因身体和情感障碍而限制了接触有效性，来访者也会如此。疲惫，甚至日常疲劳、病毒感染、健康不佳、担心第三方、多种类的情绪困扰（例如，抑郁、焦虑、恐慌或由丧亲或创伤引起的麻木），也可能抑制接触。在前述这些个案中，都需要以人为中心治疗师采取类似的增强接触的方式来解决。

通常，治疗师给予来访者的密切沟通将是加深接触的开始。以共情的方式回

100 KEY POINTS

Person-Centred Therapy:
100 Key Points & Techniques

应对认识到接触缺乏可能是有帮助的,诸如"你看起来心烦意乱,有点儿分心了"的回应可以很好地帮助来访者重新接触。有时,针对过程进行解释说明可能会有所帮助:"当我们谈论……我失去了对你的感觉和你正在发生的事情的感觉",这可能会帮助来访者接触孤独和孤立的现实。然而,真正重要的是意识到沉默、退缩的来访者不一定是无法接触的来访者。例如,在我的培训过程中,我有一个来访者,每周除了在会谈开始时的几个字以及结束时的"再见",她在整个会谈中保持沉默,甚至几乎没有回应我的提醒("我们的时间已经快要结束了""我们还有五分钟")。她决定结束与我相处的时间,因为她有即将到来的考试。我以为她是委婉地拒绝我。显然,我对她没有用。在考试后,我的来访者来找我,她告诉我,我很好,我是她通过考试的原因,她非常感激我的努力。无论为来访者做了什么,很明显,她知道我的存在(我对她的经验领域至少有一个最小的印象),这对她很重要。

上面的故事表明,评估来访者接触的有效性和程度存在一些困难。这需要凭判断力自行决定(judgement call),且随着治疗师经验的积累而改善,但即使是有经验的治疗师也可能会出错。最终,是由来访者判断是否有足够的接触程度。然而,当治疗师怀疑相互关系时,重要的是回应这种感受(共情、一致性、对过程进行解释说明)。它不应该被忽略,但回应应该是试探性的、温和的和鼓舞人心的,永远不会强迫来访者接触他们不希望或不需要的。如果来访者真的不接触,可能需要做简单的接触反应(见第34个和第65个关键点),但这不应该与"做先期治疗"混淆。

68

接触"难以接触"的来访者

虽然存在限制接触能力的急性原因,但这些可以通过"正常(normal)"的以人为中心的方式(见第 64 个关键点)来解决。然而,有些来访者的无法接触是一种慢性问题条件。这样的来访者包括严重学习困难者、严重的精神障碍者或两者兼而有之。对于这样的来访者,先期治疗或"接触工作"是合适的治疗策略(见第 34 个关键点)。然而,虽然先期治疗听起来可能很简单,但实际上却很难做好。

除此之外,先期治疗做起来比想象中更难,也许认识先期治疗的第一件事情是:虽然其创始人加里·普劳蒂(Garry Prouty)将他的与来访者一起工作的方法称之为一系列"技术",但这并不意味着治疗师可以用一种分离的、机械的方式来应用。先期治疗是以人为中心的工作方式,因此,其疗效基于假定其处于建设性改变发生的治疗关系中。除了使用技术之外,从事先期治疗的治疗师的职责包括桑德斯(Sanders, 2007c: 21–22)给出的任何以人为中心疗法的治疗师的职责。

治疗师:

- 承担与来访者接触的全部责任;

- 改善来访者的体验(比方说精神体验);

- 评估来访者表达的重要性;

- 识别,比如识别幻觉和妄想是有意义的;

- 确认来访者对于有意义体验的自主过程;

- 为来访者的修复过程出力。

实质上，先期治疗的目的是鼓励来访者与自我、世界和其他人接触。治疗师和建立联系的工作者通过提供接触来做到这一点。这是一个缓慢、反复的过程，需要条理性和耐心。在接触工作中，来访者所做的一切都很重要，因此有必要密切关注各种表情（例如做鬼脸、拉扯衣服、踢家具、微笑、凝视）、姿势（例如懒散、自我拥抱、交叉和不交叉的腿）、用词（无论它们看起来是多么随机和无关）和副语言（例如：咕噜声、嗡嗡声、尖叫声、点击噪声）等。工作者的任务是通过做出接触反应来回应来访者所做的事（见第34个关键点）。

桑德斯（Sanders, 2007d：30）指出，适当的先期治疗工作对于具有以下原因的从业者（轻微适应问题）是非常需要的：

- 这是一种对于特殊情况的特殊交流；

- 最初使用接触反应可能是尴尬的；

- 需要时间和耐心，因为有时可能需要很长时间才能产生明显的结果；

- 已经获得助人职业资格的专业人士，几乎在缩小他们的回应以适应成功接触工作所必需的简约、具体回应的过程中会有问题；

- 有些时候接触工作可能是在沉默中进行的，或者是以缓慢的节奏来适应来访者的生活经验，这样可能会增加不习惯沉默或缓慢注意力的人的尴尬（虽然，矛盾的是，有时来访者的行为可以非常快）；

- 当帮助者与他们的来访者一起参与这个过程时，在这种气氛中他们可能忘记保持它的简单性和基本性。

对先期治疗做充分说明超出了本书的范围。桑德斯（Sanders, 2007f）与范·沃德和普劳蒂（Van Werde and Prouty, 2013：327-342）对此进行了介绍，但对于希望在工作中使用先期治疗的任何人，没有什么可以替代良好的培训。

69

处理来访者的不一致性

当面对不一致的来访者时，要记住的最重要的事情之一是，他们应该是如何的。换句话说，这是他们的一种不一致感觉 [表现为脆弱和（或）焦虑]，这种感觉使来访者接受治疗，或者如桑德斯（Sanders, 2006b: 43）提出的：" 需要帮助来访者知道它。" 这符合第二个充分必要条件，承认和接受来访者不一致是以人为中心疗法的基本任务。

不一致性源于感知到的自我和整个有机体的实际经验之间的差距，事实上，以人为中心疗法是增加（或带来）自我和经验之间、内在世界和外在之间的和谐，根据个人价值体系而不是内部评价体系进行评估和做出选择。内部评价体系产生的价值条件被看作是不一致的主要原因（见第 12 个关键点）。

价值条件和不一致可以有多种形式。它们可能阻碍或限制来访者进行心理接触的能力，也可能阻碍或限制来访者以不失真的方式感知来自于他人的沟通能力。第 65、第 68 个关键点涉及对接触的增强或修复处理，这些可以被看作解决来访者不一致的方式。

观察不一致的一种方式是将其看作是由于缺乏（或不足够的）无条件积极关注而产生的。价值条件来源于重要他人的条件性积极关注。因为价值条件扰乱了一个人的内部评价过程，它阻止了向 "机能健全" 状态的转变。根据定义，这会导致不一致。因此，对不一致的 "改善"（corrective）方法就是对来自重要他人的无条件积极关注具有一致的认知。在以人为中心疗法的背景下，治疗师的作用是提供这种无条件积极关注。简而言之，治疗师的无条件积极关注促进了来访者的无条件积极自我关注，因此不再是不一致的。因此，至少一些以人为中心疗法的治疗师将无条件积极关注作为治疗中影响疗效的因素（Bozarth，1998：83；Wilkins，2000：33-34）。当它从一个人传递到另一个人身上，要颠覆价值条件以促进一致性。

总之，以人为中心疗法的治疗师（通常）不是面质或挑战来访者的不一致，而是无条件地接纳来访者，因为他们处于自己的一致和共情理解的气氛中。下面几个关键点是关于这方面的详细介绍。

70

作为治疗师在关系中保持一致和整合

第三个充分必要条件要求治疗师在关系中是一致或整合的。首先要了解的是,这不是一种永久完美的要求。以人为中心疗法的治疗师,不会被期望并且不必一直在所有的任务中完全一致。罗杰斯(Rogers,1959:215)说得很清楚,甚至说如果真的这样,就没有了治疗(因为它需要一个不可能的完美水平)。治疗师保持一致的能力是有限的。事实上,甚至可能是一致的一部分就是承认自己的所有缺陷,使我们接受这些。不管情况如何,以人为中心治疗师的一致性要求角色有效性,严格来说,是受限于其角色。

关于一致性的第二个重要的事情是,从严格意义上来讲,它是有关全部自我的存在(being),不带任何假象地表达自己,不必要(当然不是通常)有意做什么事情。在以人为中心的理论中,一致性是根据自我和经验之间的区别而不是治疗师的行为来定义的。布鲁德利(Brodley,2001:59)强调一致性的关系本质,说明它是关于经验的内容和表现内容的符号之间的关系,但它不是内容本身。需重申和重述一次,关系中的一致性不要求采取行动,而是需要对经验(内部和外部)开放。这包括公开和诚实地接受与"好的"治疗师相冲突的事情,例如对来访者的恐惧、对失败来访者的恐惧、被自己的想法吸引、无法集中注意力等。

在经典的以人为中心的理论方面,关于一致性的第三个重要的事情是,来访者对它的传达或感知,没有任何要求。然而,治疗师的一致性可能会"起作用",因为它会使来访者将治疗师视作真实并值得依赖的人。一个真正的治疗师是一个可以给予无条件积极关注、共情理解的人,是可以被接受和相信的人。当然,因为它带

100 KEY POINTS
Person-Centred Therapy:
100 Key Points & Techniques

来了对那些相同的治疗师态度的怀疑，因此假设治疗师的感知不一致，虽然只是一种模糊不舒服的感觉，而不是一种有意识的思想，就会对治疗起到反作用。这是因为，当治疗师被来访者激怒，但却没意识到它或没去抑制它，那么这与传达无条件积极关注和共情理解的目的是直接矛盾的。这种矛盾的信息，被来访者接收，混淆了来访者，并倾向于使他们对治疗师产生不信任。即使如此，在实践中（几乎不可避免地）发生的偶尔不集中或判断失误，如果在意识中被精确地表示，就可以被治疗师识别，并且如果必要或可取的话，也可以分享给来访者，因此不会破坏治疗过程。事实上，在大多数情况下，这种短暂的分心、无条件积极关注的失败不会被别人觉察。它们仍然是治疗师内心过程的一部分。只要它们不被扭曲或否认，可能就不会造成很大的伤害。这样的失误是粗心大意之人的一部分，然而，特别是在个人治疗中，如果他们存在这样的模式，是非常值得反思、督导及解决的。

治疗师的一致性为来访者提供了其对可信任他人的真正反应，尊重来访者的价值体系，而不是强加自己的，这是非常有用的。最重要的是，它是治疗师与来访者最深、最真实、最有活力和至关重要的会面，它是真正意义上的治疗过程（见第 31 个关键点），在来访者寻求转变的过程中它有很大的潜力。

第五部分 以人为中心实践

71

发展和增强治疗师的一致性

在许多方面，因为一致性是关于存在而不是做，因此要学习和实践的"技能"要素是很少的或不存在的，发展一致性似乎是困难的，特别是在治疗师职业生涯的早期阶段。事实上，熟悉内部经验的流动（flow）以及如何与外部表达相匹配是一项艰巨的任务。然而，因为一致性是关于经验及其符号之间的关系，它实际上是一个自我觉察（self-awareness）和自我接纳（self-acceptance）的问题。发展一致性是学习承认所有你的内部反应，而不扭曲或否认它们——在以人为中心疗法的实践背景下，特别是在回应来访者时，无论他们是否与你的预想相符，你都要按着一个优秀治疗师的标准来回应他们。所以，它至少部分是关于学习倾听和意识到在与来访者关系中你具有的全部的思想和情感。正如托兰（Tolan, 2003: 45）指出的，第二件事是学习何时以及如何将这种意识传达给你的来访者。

对于以人为中心疗法的治疗师，具有自我觉察意味着所有的想法、感受、感觉和直觉都可以被意识到。对我们大多数人来说，发展自我觉察是一个永无止境的任务。在这种情况下，自我觉察意味着治疗师的情感是可以受到他们的意识控制的。然而，保持一致性不是将你的焦点向内转移，集中于自己的经验，这将破坏以人为中心疗法的目标。相反，当你专注于另一个人的生活经验时，一致性是信任自己，并足够放松自己，允许经验的自由流动。这是可以发展和强化的东西。

也许在一开始就应该明确指出我们能够实现自我觉察的程度，因此一致性会受到我们的自我接纳以及我们提供无条件积极自我关注的能力的限制。所以，发展一致性的第一个方法是注意我们自己的个人发展（own personal development）。

个人发展可以理解为采用一种安全的方式增加与来访者关系的能力，通过这样一种途径来实现个人发展的需要，并且逐渐提高效率。它与处理盲点和阻抗有关，使治疗师能够在可能痛苦和具有挑战性的旅程中更好地陪伴来访者，而不阻碍他们，因为他们寻求进入对治疗师来说可怕或痛苦的区域。对于以人为中心疗法的治疗师和许多其他类型的治疗师，一个公认的做法是进行个人治疗，这可以是每周一个小时一对一的"正常"类型，但除此之外如小组治疗或偶尔的住宅会谈（residential sessions）也可以进行。这是一个关于优先级、可行性和成本的问题。除了个人治疗，督导、辩论和与同事讨论、反思性写作或日记、阅读和某种形式的冥想或精神练习也可以单独或一起用于提高一致性。

个人发展有助于提高一致性的能力，然而，即使对于在治疗关系中具有增强一致性的那些人，采取谨慎的步骤以放下琐碎的分心，清理当天思想上的问题也是有好处的（晚餐吃什么、个人关系等）。Leijssen（2001：151-155）建议"清理空间"（clearing a space），并描述了一种练习来实现这一点。通过"清理空间"，她的意思是要关注个人自己的世界，通过让自己的关心消失于背景之中，从而准备好自己与来访者的接触。

72
做一致性回应

至少对于一些用经典的来访者中心疗法进行治疗的治疗师来说，治疗师根据自己的参照框架做出回应，这种情况很少发生。这是因为共情、"检查感知"的回应可能使来访者偏离自己的进程。也就是说，除了符合来访者的参照框架和当前经验之外的任何回应都违背了以人为中心实践的原则。然而，对于这一点还有其他的观点，这可能是因为有时治疗师表达他们对来访者经验回应的意愿对来访者来说是有帮助的。

有几种方法可能是这样的。首先，从治疗师参照框架作出的回应（只要它是关于或增强关系的）可以作为治疗师的"人性化"体验，从而产生了作为协作单位（collaborative enterprise）进行治疗努力（therapeutic endeavour）的感觉。个人回应可以帮助消除围绕治疗的神秘性，并在某种程度上实现双方权力平衡。第二，如果治疗师对患者有感情而不是无条件积极关注，特别是如果这些情感是使人分心和（或）持续，那么就可能有助于去坦率地承认它们。这是因为如刺激或无聊等感觉可能在某一情况下被来访者捕捉，而掩盖它们可能会使来访者感觉不一致和不被接纳，因为有时为治疗师的感觉命名事实上就是清除感觉到的东西。但是，除了最有限的和相关种类的概念之外，"一致性"不应被视为自我披露的许可证。在适当的时候，一致性回应会真正被来访者感觉到是对其当前经验的反应，并且仅仅是这样。同样，要注意一致性本身与托兰（Tolan, 2003: 54）所说的"真实的沟通"（即作出一致性回应）不同，这反过来又不同于治疗师的自我披露或"被了解的意愿"。一致性在治疗关系中是整合的，真实的沟通是促进治疗师对来访者当前生活经验的回应的表达，而自我披露是治疗师从他们自己的参照框架传达他们自己的经验。后者可能具有治疗关系的功能（"当这些发生在我身上……"可能对被了解的意愿有所帮助），但是，因为治疗师的自我披露与来访者的加工过程存在偏差，应该尽可能谨慎使用。但是，如果主动性来自来访者的问题（"你多大了？""你结婚了吗？"），那么最好是简短而诚实地回答。但这与一致性无关。

在讨论一致性时，默恩斯和斯隆（Mearns and Thorne, 2007：130-133）描述了治疗师可能与来访者经验产生"共鸣"的三种方式。首先，存在自我共鸣，这是治疗师自己的想法和由来访者陈述触发的感觉的混响，但不与任何其他方式相关。第二，存在像"和谐"一样的共情、共鸣——尽可能准确地描述来访者表达的经验，也称为"准确的共情"（accurate empathy），以此作为对共情感受的回应的"补充"。治疗师为来访者表达的经验增加一些东西也许（有利于）探究处于"觉察边界"的材料（见第22个关键点）。第三，存在个人共鸣，在这种共鸣中，治疗师"包含了她自己作为一个理性的人，对来访者经验的反应"。当做个人共振反应时，治疗师正在传达他们关系的一面。这是一种治疗师的个人分享，是以与来访者治疗过程相关且符合非指导性态度的方式，是对来访者资料的一种感觉反馈。默恩斯和斯隆认为，此类回应会鼓励来访者进入关系深度（见第38个关键点）。

73

治疗师在多方面的一致性

怀亚特（Wyatt，2001b：79-95）认为一致性是复杂的，并描述了治疗师一致性的"多方面"（multi-faceted）。在她看来，治疗师的一致性包括三个核心元素，每个元素都对实践有影响。这些元素如下。

- 做自己（Being myself）：我们每个人在世界上都有一种独特的存在方式，一个以人为中心的实践任务就是要把这种独特性带入治疗关系，而不是隐藏在专业的外表之下。
- 心理成熟度（Psychological maturity）：整合在治疗关系中取决于自我觉察（知道和拥有优势和弱点，认识到很可能会有更多的发现），它是一种自主行动的能力，一种维持关系中自主行动的能力，一种以独立自主平等的角度欣赏来访者的能力。在以人为中心的理论方面，一致性依赖于足够灵活的自我结构（self-structure），以允许大多数经验在觉察中被准确地象征化（be symbolised）——即将否认和曲解维持在最小水平。或者，更简单地说，你的心理成熟程度符合你对经验的开放程度。
- 治疗师的个人风格（Personal style of the therapist）：因为我们每个人在世界上存在的方式都是独一无二的，我们在做什么和如何做都是不一样的。这意味着，即使他们分享核心理论信念和对非指导性实践的承诺，每个以人

100 KEY POINTS
Person-Centred Therapy:
100 Key Points & Techniques

为中心的从业者在他们所提供的治疗师条件和他们对来访者回应的方式上也会有所不同。因此，在以人为中心的理论框架内，除了允许个人风格（personal style）的自然发展之外，在进行以人为中心的治疗中没有所谓的"正确"的方式。以人为中心的实践方式也会和另一个人的方式不同。重要的是，你是如何在治疗关系（至少与你所做的存在细微不同——这源于你的个人风格）和以人为中心的方法之间达到匹配的。

怀亚特（Wyatt，2001b：85-93）继续描述了治疗师一致性的"方面（facets）"。

● 对时时刻刻体验的开放（Being open to moment to moment experiencing）：一致的治疗师有一个流畅的自我概念，准确地象征化大多数意识经验，包括源于治疗师存在方式、来访者存在方式和他们之间关系的经验。当然还有其他来源，例如，经验也源自对环境的感觉印象（sensory impressions）。对经验的开放性允许治疗师自己对于来访者的潜在意义和治疗关系做出判断。例如，一些经验可能揭示对来访者的无条件积极关注和（或）共情理解，一些经验可能导致不舒服的感觉或脆弱感。现已证明后者能引起不一致，并且可能需要在会谈、督导、个人治疗或其某种组合中加以解决。

● 如何处理我们的不一致（How to be with our incongruities）：有时每个治疗师都会与来访者不一致。这种不一致可能是由于对感觉觉察的缺乏或对传达感觉的阻抗所致，即使治疗师知道它们与来访者和他们的关系有关。无论其性质如何，治疗师的不一致涉及未解决的个人问题。这些可以在个人治疗中处理。然而，关于处理正在进行的治疗关系的不一致，怀亚特写道"沟通……由不一致到一致"的重要性。这可以公开地和诚实地去做，但会伴随着来访者及来访者加工的敏感性问题。

- 真诚的共情理解和无条件积极关注（Genuine empathic understanding and unconditional positive regard）：治疗师的一致性确保共情和无条件积极关注是真诚的。只有当来访者知道治疗师对他们和他们的经验真正感兴趣时，他们才能以这种方式接受。

- 治疗师的行为（The therapist's behaviour）：治疗师如何对待来访者直接影响来访者的感知（特别是治疗师提供的充分必要条件）。根据发展的个人风格和非防御方式（non-defensive way）进行练习是治疗师一致性的核心。

- 治疗师表达的限制和关注（Limits and concerns regarding the therapist's expression）：怀亚特询问"什么是适当的治疗师自我表达"，并指出虽然不可能描述或编纂它们，但总是有一定限制的。一些治疗师的行为是不适当的。治疗师的自我表达在第74个关键点中提及。

74

治疗师在以人为中心疗法中的自我表达和自我披露

以人为中心疗法的治疗师在以人为中心的关系中表达和披露自我的程度问题是有争议的。然而，人们普遍认可自我表达、自我披露和"被了解的意愿"不同于一致性。可以确定的是，即使在"一致性"（被误解）的标签下，也没有"告诉它是怎么回事"（tell it how it is）的许可和"我这么感觉所以我这么说"（I felt it so I said it）的理由，它与以人为中心的实践直接相矛盾。在充分必要条件下没有什么可以说明治疗师从其参照框架对来访者作出回应的必要性，并且在经典的来访者中心疗法中，只有在例外的情况下才这样做。此外，巴雷特·伦纳德（Barrett Lennard, 1998: 265）有关治疗师被了解意愿的效应的调查表明，治疗师的被了解意愿与治疗进展及成功没有相关性，但它确实显示了共情理解的重要性。然而，治疗师向来访者自我披露的问题不断被重新审视，许多人认为，在某些时候和特定的方式下，这可能是一件有用的事情。只是做什么和什么时候做是有争议的，并没有共同商定的指导方针。有人认为即使罗杰斯本人对这个问题也没有一致的看法，也许从什么时候和如何从自己的参照框架做出回应是由我们的个人风格决定的，并且是我们每个人编织了我们自己对这一实践层面的想法。为了有所帮助，可以关注一些相关的关键点。

在一些情况下，自我披露和自我表达最可能有助于来访者和治疗关系，就是当：

- 它们与来访者和来访者当前的体验相关；

- 它们是对来访者经验的回应；
- 对来访者的反应是持续的并且特别引人注目。

从经典的以来访者为中心的立场来看，布鲁德利（Brodley，1999：13–22）给出了"以来访者为中心的治疗师可以从他们自己的参照框架与其来访者会谈"的原因。简而言之，这些原因如下。

- 回应来访者的问题和要求——公开诚实的回答有助于消除神秘感，然而，治疗师有隐私权，有时可以说"我很抱歉，但我不想告诉你，因为……"。
- 当看起来来访者想要问一个问题，但不直接表述。
- 进行共情观察——即表达对来访者沟通或情感表达方面的看法。布鲁德利将这种回应与共情理解（empathic understanding）区分开来，因为它源于治疗师对来访者的经验，而不是来访者当前的体验。
- 改正接纳、共情、不一致缺失的现象。
- 提供洞察力和想法——但只是偶尔为之，即当很清楚洞察力涉及一个来访者目前正在探索和试图理解的问题并且来访者明确许可的时候。向来访者询问提议的时间是否合适也是明智的。
- 在情绪激动的情况下——这是指从治疗师的参照框架到来访者表达经验的个人情绪反应的冲动反射（impulsive emission）。这是很危险的，因为治疗师的反应可能不符合来访者的反应。

因此，虽然以人为中心疗法的治疗师有时从自己的参照框架做出回应，但这仅仅是在意图帮助来访者的治疗过程时是最好的做法。即使如此，必须铭记以人为中心理论的原则。一般来说，如果你不确定从你自己的参考框架作出的回应是否有帮助时，那就不要用这种方法。

75

发展你的无条件积极自我关注

我们任何人提供给他人无条件积极关注的程度直接取决于我们接纳自己的能力。即使我们开始经历以人为中心训练的大多数人都认为自己是具有接纳性的人,但正因如此,无条件积极关注才是治疗态度中最难发展的。它不能有效地伪装,也不能用容忍(耐心忍受或允许某物的能力)来替代。在以人为中心的治疗师的角色中,我们需要有效完成的是积极自我关注。

根据博扎思(Bozarth, 1998: 84)的说法,无条件积极自我关注使自我与实现倾向统一。这样做的一个结果是,削弱和放松了曲解和否认这两种防御机制,价值条件得到了改善。在治疗关系的背景中,由于治疗师对来访者材料的防御反应是反治疗性(counter-therapeutic)的,因此对于以人为中心疗法的治疗师(和其他类型的治疗师)必须进行无条件积极自我关注,那就是奖励、尊重和感受对自己的温暖。对他人的无条件积极关注来自于一种理解:每个人对他们做什么以及怎样做都有一个理由,而且认识到我们每个人都被我们的实现倾向所鼓舞,在我们所经验的特定环境中都会作出最佳选择。因此,无条件积极自我关注意味着对我们自己抱着这种态度。矛盾的是,我们可能有时做不到,包括接纳。

成功的以人为中心疗法要求没有偏见地接近来访者,尊重他们,无论他们是什么身份地位,并认识到他们是能自我做主的人。然而,我们每个人都有自己的价值观和观点,大多数人都有痛苦和耻辱,所以这可能是非常困难的。因为治疗师的无条件积极自我关注是成功治疗关系的基础,所以以人为中心的治疗师必须采取积极的、建设性的步骤来发展和保持对自己的这种态度。也许我们每个人都需要接受的第一件事是，我们提供无条件积极关注他人的能力是有限的和易变的。第二件事是发现这些限制，是什么导致我们在扩展对他人态度的能力（疲劳、个人困难、心情都是可能性之一）之间的差异。发现你的局限性后，寻求（在工作期间）突破它们；认识到你的能力发生任何变化的原因后，解决它们——也许可以通过增加自我关注解决。如何做到这一切是一个选择和机会的问题。个人治疗是一个著名且历史悠久的方法，加入个人成长／自我发展团体可能是有帮助的（特别是因为它不仅会让你看到他人的弱点，而且你也会学到别人是如何看待你的弱点的），但或许冥想或其他一些沉思性实践方法会对我们更有帮助。也许，无论你做什么，只要它能增加你的自我接纳、自我评估和自我温暖，就没什么问题。

76

发展无条件积极关注

在之前一个关键点,探讨了无条件积极关注他人和无条件积极自我关注之间的深层联系。在某种程度上,将一个人的发展与另一个人的发展分开是人为的,而它们实际上是密不可分的。然而,鉴于后者要继续开展工作,可以做一些事情来促进前者。

首先,它可能有助于重新审查和重新评估针对实践和来访者的态度。严格遵守实践惯例和对来访者"分类"(categorisation)往往不利于无条件积极关注。当然,批判性地评估现存的实践惯例、发展中的容易对来访者的轻信态度以及我们对待他们的行为方式,这些是值得的。所有种类的界限都要有助于有效、安全的工作,而不是指定治疗的过程和模式而不顾来访者和治疗师的需要。

监测针对来访者的态度也是值得的。例如,任何将来访者作为关注寻求者或算计者的观点都几乎与无条件积极关注没有关系。如果一些人是关注寻求者,这难道不能证明他对被关注的深层次需求吗?以人为中心的实践中,无条件积极关注的沟通并不是要求对来访者采取宽容、自由放任、"任何事情都可以"(anything goes)的态度,但不加批判的接纳有时有可能与坚持执行治疗的结构和惯例背道而驰。

第二,找到方法以来访者的体验角度看待世界是重要的。我曾经有一个与来访者合作的任务,至少看起来那位来访者的态度和信念与我自己本身信奉的截然不同。他崇拜军事手段,喜爱战争诡计。他还表达了歧视妇女和种族主义观点。这对我来说是一个真正的挑战。然而，我知道要成为对他来说有效果的治疗师，我必须真正接纳他，不能因为我的态度限制而影响了治疗的成功。当我倾听和回应他时，我开始思考什么样的生活经历可能导致他产生这样极端的看法。他告诉我他就像一个被残酷对待的孩子，混乱和苦涩的离婚使他如"被抢劫"般失去了他的家庭和财产。此外，在交谈期间，我弄明白了偏见是如何产生的。不知不觉中，我从受到挑战且厌恶来访者观点的状态中抽离出来，并可以无视那些观点，只欣赏他作为一个人类个体的价值。因为在他、在我、在我们之间发生了一个软化过程（softening），我们转移到一种友好而幽默的关系当中。

我们都被这个过程改变了。我发现我已经深刻体会到这样一个道理：无条件积极关注意味着我赞成或反对的争论点其实都是不相干和无关紧要的。我们每个人都在尽我们所能做着我们能做和为了生存必须要做的事情，即使这些事有可能因为我们的生活经验和认识世界的方式而与他人的价值观冲突。我也更深刻地意识到当我接纳他人的能力受到挑战时，我的任务就是调整我自己以达到能倾听、尊重、赞赏他人并对他人感觉到温暖的状态。如果我不能做到这些，就撤销治疗协议（见第32个关键点中关于以人为中心的评估）。

总之，发展和传达无条件积极关注态度的能力取决于个人是否愿意接近每一个有独特需求的个体。无条件积极关注不是没有紧张感的，有时这些紧张感只能在个案基础上解决。比方说，如果你的无条件积极关注因无知而受到限制（就像偏见的起源），那你就要进行学习。如果来访者的某些经验令你惊吓或不安，或唤起你自己未解决的问题，那就要采取个人治疗或督导。

77

实践中的无条件积极关注：关注来访者的全部

无条件积极关注另一个人，涉及认可和关注他的全部，听他说的所有话，甚至识别出他没有说出的话。在这期间不可以做评判，即使评判可能是"积极的"（positive）或者是与来访者自己的判断或表达的态度是一致的。无条件积极关注（通常）不需要治疗师对来访者的经验、观点和反应等方面采取任何立场，除非是公平的（impartiality）。无条件积极关注本身并不涉及治疗师喜欢来访者，但它的确意味着治疗师对来访者先期的珍视、尊重和体验到的温暖。治疗师不需要分享来访者的价值观或信念。事实上，任何认同感（"她就像我！"）或不认可（"这简直是明显的错误！"）都可能干扰或抑制无条件积极关注——对来访者的反应、态度和生活经验，无论积极的和消极的个人反应，都与无条件积极关注无关，只有当这些被忽略时才能真正体验到无条件积极关注。尽管这在某种程度上很困难，但这是显而易见的。更棘手的是避免仅对来访者经验的某些部分进行无条件积极关注的回应。

托兰（Tolan，2003：71）描写了对来访者材料的"部分倾听"（partial hearing）。"部分"有三个含义：只存在于一部分 [有点（a bit of）]、在争论中偏袒一方 [有偏见（being biased）] 和喜欢。每一个都与无条件积极关注有关，因为每个都会干扰无条件积极关注。例如，与其他经验相比，更关注来访者某些经验的可能结果是来访者认为没有被完全接纳，只赞同来访者的某些观点也可能导致同样的结果。"喜欢"来访者在有些时候也同样是有害的。

来访者通常以复杂和自相矛盾的方式表达自己（Tolan，2003：71-73）。倾听和接纳来访者所说的一切都是不容易的，但又是必要的。当治疗师只回应来访者表达的一个事物时，即使那些似乎是建设性的和积极的，而对其他事物没有回应，就是无条件积极关注的失败，并可能阻止来访者的深入治疗。托兰的例子是关于治疗师回应被虐待来访者离开其伴侣的愿望，而不是唤起她对施虐者的爱和恐惧的重新认识。虽然任何一个有关怀心的人都会想看到被虐待的女人离开施虐者的魔爪，但作为以人为中心疗法的治疗师，其目标是帮助来访者做出她自己的选择。当来访者感到她的一切被理解和接纳了，就有可能做出自己的选择。尽管这些选择并不简单也不易决定（如果容易做选择那么来访者为什么要来寻求治疗？）。例如，继续托兰的例子，如果被虐待的女人要离开她的伴侣，那么她的地位及在社交圈与家庭的被接纳度方面可能存在风险。在一些文化背景中，甚至可能会受到巨大的文化压力。

无论如何，治疗师只强烈地对来访者所说的部分（无论是赞同还是表面中立）作出回应，很可能导致来访者感觉到未被倾听，感到是被有条件地接纳（conditionally accepted）。在托兰的例子中，被虐待的女人可能会觉得，如果她采取了治疗师似乎准许的措施（离开她的伴侣），她将是可以被接纳的，但她对施虐者的软弱感觉和对孤独的恐惧并没有被接纳。她不会将治疗师的积极关注看作是无条件的，因此不会满足充分必要条件之一，并且不会发生建设性人格改变。

78

实践中的无条件积极关注：避免正面强化和偏爱

有时，无条件积极关注的困难之一是避免对看起来有益于来访者和促进来访者成长的观点和态度进行正面强化。虽然重视和尊重来访者是重要的，但这与赞扬来访者或肯定来访者的思想、感觉或行动是非常不同的。后者涉及做出判断，很难不偏不倚，而且是指导性的 [因为它指向来访者在某一特定方式的存在（being）/ 行为（doing）]。换句话说，确认来自治疗师的参照框架，并可能涉及来访者屈服于外部评估。以人为中心疗法的治疗过程之一是建立来访者的内部评价点（internal locus of evaluation），这是一种增强的信任他们的经验和看法并相应地形成判断的能力，而不是用他人的价值观和意见来取代来访者自己的价值观和意见。

与此相关，从理论方面得出的结论是，治疗师对来访者提供无条件积极关注将产生建设性人格改变。然而，对于治疗师来说，期待和渴望（尽管可能是良好的意图）可能是反治疗的（counter-therapeutic）。无条件积极关注地对待另一个人包括接纳他们不改变的权利。虽然，以人为中心疗法的治疗师很自然地希望他们的来访者发生改变，甚至形成关于改变可能导致什么的观点，但至少有些来访者的改变只有当治疗师放弃对改变的渴望时才变得可能。

当治疗师被迷惑而去赞美或强化来访者特定的观点时，与基本的以人为中心理论的直接冲突不是唯一的问题。确认和认可来访者经验的一部分，治疗师很有可能实际上拒绝了另一部分。此外，认为以人为中心疗法要始终支持来访者的"成长促进"是一个浅显的错误。我们都是复杂的生物，充满含糊和相反的观点，一些促进成长，一些并不如此，我们支持其中的一种经验或价值观，同时也拒绝其他价值观。矛盾的是，（明显地）偏好来访者的成长促进方面，而忽略或淡化其他方面可能是反治疗的，因为实际上治疗师最终向来访者提供有条件的关系。当只有来访者的部分经验或存在方式已被揭示时——大部分情况都是这样，治疗师特别难以避免正面强化。有一个经常被提及的假定，那就是比起注视来访者的眼睛，还有许多可以做的。不仅如此，来访者的总体经验是由促成实现倾向引起的。即使显然有害的观点也有它们的目的，并需要共情理解和无条件积极关注。仅仅因为这个原因，赞扬或对来访者的行动或拟采取的行动表示认可，是不明智的。

有时避免以下这种简单的态度也是明智的："虽然我不认可你所做的，但我把你当作一个有价值的人来接纳"[偶尔也被称为"痛恨犯罪，但爱罪人"（Hate the sin but love the sinner）]。我们任何人都不可能将我们所做的一切与我们完全分开——来访者也不例外。不仅如此，在治疗师看来一种似乎应受到谴责的行为，可能对来访者也同样如此，因为来访者也可能因这一行为感受到了很多羞愧。治疗师表达（以文字或其他方式）不认可行为（过去或现在）将被来访者感受为拒绝，它可能在极大程度上迫使来访者锁藏（lock away）羞耻的感觉。不认可的行为变成了一个见不得光的区域。当来访者没有看到自己所做所讲有什么问题时，治疗师的不认可可能会更有害。

这并不意味着以人为中心疗法的治疗师必须认可或接受（例如）犯罪或不道德的行为。相反，在以人为中心疗法中，认可和不认可同样无关紧要。在实践中，无条件积极关注正是如此，没有条件，没有限制，无论如何，治疗师的个人价值必须被搁置一边。

79

实践中的无条件积极关注：避免拯救"无助感"

以人为中心疗法的治疗师常常听到来访者表达其对自己的态度，而这些态度治疗师不相信是真实的。例如，当治疗师认为来访者有潜力，会有一个明亮和幸福未来的时候，来访者可能会说他们是如此没有价值，他们死了会更好。或者当治疗师说我们应该有在街上行走而不害怕的自由时，被强奸的受害者可能会因出现在错误的地点、错误的时间及错误的穿着、喝太多酒而自责。有时治疗师会有与来访者争论的强烈欲望，想要指出来访者言语的错误。因为这是根本不可接受的，所以对一个自杀的人说"但你是如此年轻，你还有很好的前途"是没有帮助的。即使治疗师非常认同这种观点，也没有用。同样，对一个自责被强奸的人说她没有被责怪是没有帮助作用的。她的自责也许表达了她的羞愧感，当羞愧感被倾听到、被回应、被共情理解、被无条件积极关注时，她将有能力摆脱羞愧感，并认清自己是清白的，表达出正当的愤怒。

反驳来访者（例如，当他们认为自己弱时，指出他们的力量）或分散他们的感觉（例如，指出一个更强大、更有能力的人也是会流泪的）可以看作是试图从痛苦和悲伤中解救来访者。虽然这可能来自于使来访者恢复信心、安慰和鼓励来访者的愿望，但这是治疗师的需要，而不是来访者的需要，甚至可能是治疗师对患者的困扰感到不适或不安。当存在这种情况，哪怕只是最轻微的怀疑，这也是个需要督导和个人治疗的问题。

无论试图解救来访者的原因是什么，这对提供无条件积极关注来说都是失败的。

对于来访者来说，他们的痛苦和不安没有被听到，或者被忽略在一边，这可能会使这些痛苦和不安看起来可耻和不可接纳（当我们感觉不被接纳，我们认为我们自己不被接纳和无法被接纳）。不接纳某些人认为的死了会更好的观点，意味着拒绝了此人个人经验的重要部分。不接纳有人指责自己被强奸同样是拒绝。刻意地使来访者安心的行为实际上阻止了来访者的表达。不经意的好心，不接纳来访者对其自身的看法，治疗师会冒无法把来访者所有经验带入治疗过程的风险。

80

接纳来访者的全部：无条件积极关注和自我完型

当来访者有明显的"自我完型"（见第 27 个关键点）时，正面强化的危险性可能特别明显。治疗师经常被诱导，以牺牲其他的完型为代价去回应（特定的）一个或多个完型，特别是如果一些完型似乎更具建设性，而另一些完型则是抑制性的甚至是破坏性的时候。重要的是对来访者的所有方面做出回应，并且平等地尊重和接纳它们——即使是被默恩斯和斯隆（Mearns and Thorne，2000：115-116）称作"不是为了增长"（not for growth）的完型。他们给出的不是为了增长的完型的例子包括了那些想要从世界撤退的人和什么也不做的人，也包括想要返回到某种先前状态的人，还包括那些对治疗师产生愤怒和（或）攻击性情感的人。他们承认对治疗师来说关注不是为了增长的完型是非常有挑战性的，但也指出"治疗师必须积极评估其来访者的这部分，了解其性质和存在"。以人为中心疗法的治疗师的任务是负责地以共情理解和无条件积极关注的方式来回应来访者的全部。正如默恩斯（Mearns，1999：127）指出的那样，它不仅包括来访者自我概念的一个甚至几个完型，而且该来访者的所有完型以及它们之间的动力都是重要的。他说，如果任何部分因为它们对治疗师来说太难了而被错过或禁止治疗，结果是有条件的并且可能是反治疗关系的。重要的和有帮助的是，记住所有自我完型，尽管它们可能看起来对治疗师是"消极的"，但它们是有用的——的确，它们甚至可能关系到生存和（或）保护。从这个角度看，很容易理解对所有人无条件地予以积极关注的必要性。

无论自我完型的概念是否对你有意义，即使它有意义，但你正处理的来访者没有明显的自我完型，接纳来访者的全部而不管它是否是自相矛盾、自我批评（self-condemning）和自我贬低（self-deprecating），这样的做法也仍然是正确的，否则这就是否认来访者经验的有效性。

81

发展你的共情

共情是人类自然的、与生俱来的感知他人主观体验的能力——它经常用来指感知他人的感觉，但至少可以说，它适用于目前被包容于人们的思想和发自内心感受的所有其他方面。也就是说，他人的经验如何被感知及感知形式随不同的时间和不同的个体而变化。在以人为中心的实践中，无论共情发生的形式如何，治疗师都清楚他们所感知的与他人的经历相关。这是一种"仿佛"（as if）的体验。治疗师准确地在来访者的内部参照框架中感知到一些东西，"仿佛"他们是另一个人，但在所有时间内仅仅是保持一种"仿佛"意识；对我而言，它通常不是字面意义上"感受"共情，这是在身体感觉上的体认和学习。对其他人来说则不一样。比方说，我的一位助手有时能"看到"（see）非常复杂的图像，当她把这些描述给她的来访者时，来访者的经验被深刻、准确地共情理解了。

我（Wilkins, 1997c:8–9）和其他人（Baughan and Merry, 2001:233–234）曾经证明共情是一种普遍的人类特质，具有进化优势。了解他人的经验有助于社会生活，从而得以生存。然而对于我们中的大多数人来说，我们对于世界的经验使我们失去了与共情性感觉的联系。我们可以通过做一些事情来重新建立这种联系，并提高我们与其他人内在经验相联系的能力。这是一个发现的过程（从字面上揭示的东西），而非学习一种技能。事实上，把"成为共情的"（becoming empathic）当成学习适当回应的问题，结果可能是共情变得更少。提高共情理解的能力就是探索你与他人经验相联系的方式，"仿佛"那就是你的经验。你通过感知思想、感受身体的感觉、"看"图像、感知人际间的联系，这些方式的组合或其他形式的结合来提高共情能力。你有时会以某种方式得到"仿佛"的经验，也可能是其他方式。发掘共情理解的能力就是调整和信任这些"仿佛"的感觉，尽管它们可能是模糊的。与许多事情一样，实践使其具有有效性。

共情经常被说成是一种艺术。如果它是，首先，它是一门密切关注他人的艺术。共情性感受最有可能在你与来访者在一起，且置身于来访者的参照框架时出现。不用说，这并不像听起来那么容易。我们有时会分心，有些事我们并不想听到。练习可以帮助我们处理分心，个人治疗可以帮助我们扩展我们倾听的能力。共情理解的第二项"艺术"之处在于沟通你对他人经历的感受，这通过时间和实践得到改善。最初，通过有时被称作"情感反射"（reflections of feeling）的做法，你回应你所听到的。凭借经验，有可能你会"听到"（hear）一些来访者没有说出的话，或其他形式表达的信息（但对一些事情要小心回应，不能由来访者提供）。这也许是文字以外的某些形式。试探性地与你的来访者交流，以便它能被很轻易地接收、否认或修改，这可能是有帮助的。如果你正在尝试了解来访者的经验（而不是解释它、提供一些结论等），即使你是错误的，你的回应也可能被很好地接受。

82

交流你的共情理解

共情理解包含了与来访者对其意义和经验的觉察的联系和交流。它不只是机械地重复来访者的话甚至"情感反射"（reflection of feeling）（虽然有时这是一个很好的开始）。我们每个人都有自己共情的方式，通常这需要我们超越来访者的言语或外向表达。例如，在我与一位女性来访者的第一次会面中，她脸上带着微笑，表现得明亮而欢快。随着她告诉我她的生活是多么的好，我意识到我肩胛骨间的肌肉在蠕动，我的身体非常不舒服，甚至有点恶心。这种身体上的不适似乎与精神上的困扰有关（虽然我无法说出其类型）。尽管这看起来似乎与我的来访者公开表达的经验无关，但我很确定这种情绪并不是我的——这是一种"仿佛"的体验。所以，我没有重复她说的话，而是告诉她我的身体感受。她突然哭了，并告诉我她也一直这么觉得。因为我以某种方式感知到了她困扰的程度，她可以在我面前建立联结并告诉我痛苦的背后是什么。

这个故事的重要性在于，虽然我的共情被描述为"躯体共情"（somatic empathy）（Cooper, 2001: 222-223）、"象征共情"（embodied empathy），但我必须使用言语与来访者交流。同样，对于那些"接收"（receive）视觉图像的人，最常用的交流方式是用文字来描述图像的内容。即使当我们直接回应来访者所说的内容时，最好是避免"机械地重复"说过的言语（因为这可能被认为只需要肤浅的认识和交流经验）。除了言语外还有很多可交流的。语调、节奏、面部表情、姿势和你自己的内心体验都在表达的内容和意义上添加了一些东西。所有这些增强了共情的联结。

在共情回应时，使用与来访者完全相同的文字可能看起来像是被动的、自动的回应，所以最好是把来访者所说的翻译成你自己的话语，因为这表明你为了理解来访者做出的真正努力。更老练的做法是，回应非言语方式所传达的内容。拥有丰富的词汇量，非常有利于你更充分地交流共情理解——特别是表达情绪和情绪状态的词。因为你有越多的词汇供你使用，你越有可能准确地表达你的想法、感觉、"看到的"（seen）或其他"仿佛"（as if）体验。这同样因为英语是非常丰富的语言，有很多关于情感的单词——其中可能有微妙的差异（例如，考虑这些与恐惧有关的词，如 worried、scared、frightened、terrified、anxious、panic-stricken 都有不同的含义）——使用最接近的词与你的来访者交流（不管哪一个被说过了）有可能引起更大程度的被理解的感觉。然而，有时候使用跟来访者一样的单词是完全正确的事情。有时，不管你想到的与来访者表达的相同的词或更好的词是什么，来访者会通过重复自己的词语来拒绝你的话。比方说，来访者说"有一点害怕"（a bit scared），为了回应你感觉到的情感强度（出汗、颤抖、颤抖的声音），你说了"很害怕"（terrified），但来访者重复说"有一点害怕"（a bit scared）。这可能意味着你的来访者不理解你的意思，或者更有可能是他们使用的词有特殊的分量和意义，重要的是你要能"听懂"（hear）它。在这种情况下，重复来访者的词语是最有帮助的做法（即使你的来访者确实是很害怕而不仅仅是有点害怕）。

83

促进来访者对治疗师无条件积极关注和共情的感知

乍一看，治疗师试图沟通的与来访者感知到的无条件积极关注和共情理解并没有太多差异。然而，在充分必要条件 1959 年版本中关注的是来访者的感知，以及一些以人为中心从业者和理论家的思考和著作（Wyatt and Sanders，2002）也这样认为。在"沟通"（communication）和"感知"（perception）间确实存在微妙的差异。治疗师"沟通"的不一定会被感知。比方说，有可能你的共情性感受是"对的"（right）但来访者否认了。举例说明，作为一位年轻的男性和来访者，我被我的治疗师"告诉"（told）我很愤怒。在我的自我概念中，愤怒是一种低层次的人类情感，有损于我的尊严。我不能理解为什么我的治疗师认为我可以愤怒。虽然它没有对我们的关系造成不可弥补的损害，但我会以不同的观点看待她的技能。当然，她绝对是正确的，并且她准确地传达了她的共情理解，但我多年来都没有意识到。她已经超越了我"觉察的边界"，成为我不能承认的觉察的一部分。我无法感知到我的治疗师的共情理解。所以，这个情况不符合条件六。"无论它多么准确，我的来访者有能力接收它吗？"，这是在提供共情理解时需要牢记的。这也是为什么"只关注所给信息"(taking only what is given)(Grant，2010：225) 是一个重要的指导原则。

关于无条件积极关注的情况是相似的——但又有不同。如同第 77 ~ 79 个关键点解释的，无条件积极关注的传达很少关注说什么，更多的是治疗师对来访者整体的态度。来访者对于无条件积极关注的感知依赖于这种态度的真诚性。在某种程度上，对我们大多数人来说，感知他人的无条件积极关注是最大的挑战，因

第五部分　以人为中心实践

为它破坏了"自我"的核心，"自我"是通过我们对世界的体验而产生的["自我"不同于有机体，是一个为了保护和防御而"建造"的可调整和可适应的结构]。为了促进对无条件积极关注的感知，也许接纳的意图和耐心、一致性和真实性都是必要的。

84

治疗师提供的条件是一个整体：
准备、促进"存在"和（或）"关系深度"

人们普遍认为"存在"（见第 25 个关键点）不能应需求而产生，当有特殊的情况时它"恰好发生"（just happens），与此矛盾的是，一些从业者认为可以做些事情来提高有利双方转化的特殊状态的可能性。比方说，盖勒和格林伯格 (Geller and Greenberg，2002:77) 指出为"存在"的可能性而做准备及增加其可能性是有可能的。他们讨论了两种类型的策略：那些在会谈开始之前或之初实施的策略和那些关于治疗师存在方式的策略——他们称之为"人生"（in life）准备。

通过故意收起个人的关心和问题，前者积极地"清理空间"，这使得治疗师能以开放的、感兴趣的、接纳的、非评判的态度接近来访者。治疗师是以一种特殊的天真去接近来访者的，这种天真与开放性形成未知组合以了解我们应该了解却完全未了解的事（任务是去理解来访者的主观经验并能达到身临其境）。

人生准备包含对治疗师日常生活中存在的哲学承诺。这包括对个人成长的承诺，也包含在他们自己的生活中，与朋友、伙伴的交往中，以及日常相遇中对存在实践的承诺"(Geller and Greenberg，2002:77)。每日冥想也被看作是一种为存在做准备的方式，也是对会谈之外个人需求与治疗师关怀的关注。

盖勒和格林伯格 (Geller and Greenberg，2002:77–80) 进一步讨论了当治疗师体验到"存在"时会做的事情，包括以下几种。

- 感受性（Receptivity）——这是"以明显的和整体的方式充分地考虑人的存在和会谈中的体验"。这种感受性是多感官的，包含所有的感觉通道（运动感觉、感官、身体、情感和精神）。这是一个"允许"的过程，在体验中允许它在治疗师的自我中自由流动。
- 内向注意（Inwardly attending）——这是关于治疗师关注其内部流动以应对接收到的经验。这种内向注意允许治疗师把自己当成工具，相信他们自发的反应，通过传达内向体验可能的形式来回应来访者，如"图像、想象、直觉、指导的声音、技巧、情绪和身体的感觉"。
- 扩展和接触（Extending and contact）——这需要治疗师以某种方法来扩展他们自己及他们的边界，以便以一种"即刻"的方式与他们的来访者会面和接触他们的来访者。扩展是"情感的行为，积极地和在言语上向外解及到来访者，并提供人的内部自我（one's internal self）、形像（images）、观点（insights）或个人体验（personal experience）"。接触"包含直接相遇和接触来访者的本质，无论是采用共同沉默的方式还是采用言语表达的方式"。

尽管他们使用不同的语言，但在讨论"促进关系深度的一次会面"（facilitating a meeting at relational depth）中，默恩斯和库珀(Mearns and Cooper, 2005: 113–135) 采取了非常相似的策略和态度。他们讨论了以下项目的重要性：

- 治疗师"放手"（letting go）（对目的、欲望、期待和技术）；
- 高质量地关注来访者的全部及体验；
- 受来访者影响的开放性。

可以说，虽然这些策略是为了促进存在及会面中的关系深度，但它们仅仅是一些增强以人为中心方法对抗能力的方法。

100 KEY POINTS

以人为中心疗法：100 个关键点与技巧

**Person-Centred Therapy:
100 Key Points & Techniques**

Part 6

第六部分

有关生活事件反应的以人为中心理论与实践

85

以人为中心疗法和"通用"的方法

至少在经典的以人为中心的治疗师之中,对于把以人为中心疗法描述成以不同的方式对待不同的来访者这一观点是抵抗的。这是因为,在他们看来无论是什么原因使得来访者来接受治疗,以人为中心疗法的治疗师都应该以相同的方法对待所有的来访者。也就是说,无论来访者的经历如何或者他们如何看待自己和这个世界,以人为中心疗法的治疗师都应该以一种非指导性的方式来回应,并且在这之中提供给来访者一致性、无条件积极关注和共情理解等条件。以人为中心疗法的治疗师从他们的来访者那里获得方向,按照来访者的步调进行工作,并且尽量与来访者存在方式保持一致和谐。没有什么是必须的,甚至有争议认为太多的介绍是反治疗的。重要的是治疗师(对来访者)关注的质量而不是专业技能或者有关来访者情况、生活经历和对生活事件反应的理论知识。正如博扎思(Bozarth, 1998:100)提出的,"污染(contamination)发生在当治疗师认为他们知道什么对于来访者是最好的,什么对来访者是不好的,或者来访者应该朝向哪个方向的时候",至少这种认识有导致认识不清来访者真实经历过程(见第67个关键点)以及认为治疗师脑中所想高于来访者自己真实经历的危险。而且,来访者也应该是一个有着一系列完整的情感、思想和反应的人。没有人(例如)仅仅是一个单纯的吸毒、酗酒者,也没有人仅仅是一个遭受过虐待的幸存者,同样也没有人仅仅是一个遭受过丧失亲人痛苦的人。把这种针对遭受不同生活事件的来访者应该如何处理的知识放在治疗之前,或者仅仅是因为他们的不同遭遇(而不是因为他们是谁或者他们在这个世界上的存在方式)而以不同的方式对待他们是一个错误。

然而，以人为中心治疗理论的全面基础对于以人为中心治疗的实践应用来说是必不可少的，所以拥有一些相关知识，能够以以人为中心疗法来处理遭受过特定生活经历的来访者还是很有帮助的。这与怎么与来访者相处的关系并不大（尽管这种知识对于帮助治疗师发现对话中的隐含信息很有帮助），更多的是帮助治疗师处理好他们自己的不确定性。

然而，如果能合适使用有关（处理）特定生活经历的理论和知识，能够帮助治疗师更好地和来访者相处。知道在来访者身上可能发生了什么，能够让治疗师更好地与来访者保持一致，因此能够更好地提供无条件积极关注和表达共情理解。这对于知识的"合适使用"是必不可少的。理论是对于一般人的一种陈述，而不是针对特别个体的描述，同样的有关应对生活事件的知识也是这样的。没有一个人的生活经历是和教科书上写的一模一样的，其中有一些甚至和书上描写的相去甚远。

接下来的三个关键点解释和检测了以人为中心疗法如何应用于经历过特殊生活事件的来访者。这也就意味着要去指出和例证以人为中心疗法的适用性。为了达到这个目的，我总结改编并且加入了一些有经验的以人为中心疗法的治疗师处理特殊来访者群体的案例（Talan and Wilkins, 2012）。这并不是一个十分详尽的列表（来列出所有的情况），并且也不是以人为中心疗法的一种处方（prescription）。来访者以及来访者的真实经历永远是需要最先考虑的。

86

以人为中心方法与来访者生活事件引起的问题

不同的人面对事情会有各种不同和特别的反应和应对方法。这一关键点的内容主要是一些以人为中心的理论和实践，这些理论和实践是针对当一个来访者表现出的问题与他经历的一些外在经历有关时，例如亲人的丧失、创伤事件或者儿童时期遭受的性虐待。

霍（Haugh，2012：16-17）指出，有关丧失亲人方面的以人为中心理论有很多。她说道，尽管这些理论可能很有效，但是存在着这样一种危险，即对于悲伤不幸的处理，人们可能过于要求按照理论逐字去实施，或者把理论中的处理程序看成是一个丧失亲人的人要必须经过的固定的阶段，这些都是错误的。没有哪两个来访者的悲伤痛苦是完全一样的。优先考虑处理悲伤过程而不是具体的来访者经历是反治疗的，因为这样是与无条件积极关注（来访者在做他们应该做的）和共情理解（治疗师没有"听到"不符合理论模型的东西）不符的。同样，这种认为悲伤是一种必须克服的东西的想法与以人为中心理论是不符的。对于治疗师而言，理解来访者失去亲人的个人反应而不是试图抓住一种一般性的过程是十分重要的。

从以人为中心的视角来看，一个健康的悲伤过程就是来访者自己所经历的那个过程（从定义上来说），因为在那种时候人们会自动地以一种最健康的方式反应。想要知道他们的自我概念中哪部分是受到其目前存在方式（way of being）保护的是不可能的。来访者们真正需要的是相信他们自己的实现倾向，确信他们自己比外界的他人（例如治疗师）更了解自己在任何特定时间所需要的。这就是为什么（治疗师）在解决来访者丧失亲人问题时直接假定他们必须经过一个特殊阶段的这种形式是错误的。

特纳（Turner，2012:32-33）写道，对于创伤和危机事件的反应有多种不同情况，但是以人为中心理论都很容易解释它们。例如，看到或者自己经历过危机事件的人会发生失眠和做噩梦。在以人为中心理论看来，失眠可以被理解为源于过多的大脑活动，而这些大脑活动是因为思想中还没有形成对于那个事件合乎逻辑的表征（coherent symbolization）。在大脑经过了一天工作之后，那种不停歇运转的感觉慢慢减退，接下来很可能会做梦。大脑一直重复着相同的程序，就慢慢地从混乱变得有序。

有时候创伤事件会随后对个人自我概念带来威胁，这种威胁是如此之大，它会造成一种难以忍受的不一致，而人们通过否认和曲解的认识又很难解决它。这种不一致会使得他们在每次想到它的时候思想发生"熔断"（blow a fuse），因此他们所采取的解决方法就是不去想它，这也使得恢复正常的过程很艰难甚至停止。这就有可能造成被称为"创伤后应激障碍"（post-traumatic stress disorder, PTSD）的结果。特纳（Turner，2012:37-41）将"心理处理"（psychological process)描述成一种处理创伤后效应的额外策略。对于遭受创伤的人来说最重要的任务就是认识到那些由创伤事件造成的新的通常都是痛苦的信息。尽管心理处理看上去是偏指导性的，但是如果很谨慎地操作它，它就并不一定是那样的。其至以人为中心疗法的治疗师在使用心理治疗处理遭受创伤的来访者时，也会选择向他们详尽地解释，审视其遭受的创伤事件是很有帮助的。

鲍尔（Power，2012：50-51）认为由于虐待者造成的对治疗师提供条件的逆转或反复，将会导致儿童机体经历一个巨大的心理和生理上的威胁。事实上，虐待是一种认知、情绪和躯体上的经历，所以经历过虐待的儿童也会相应地被转变。遭受过虐待的儿童可能会习惯性地害怕他们的机体反应以防什么东西被泄露出去。

正如其他的创伤事件一样，虐待可能造成个人的分裂。许多不同的感受和有冲突的价值观需要与自我的不同部分或者是不同自我进行安全的分享（shared out）。在孩童时期经受过虐待和创伤的来访者的真实经历告诉我们，这种经历会

100 KEY POINTS
Person-Centred Therapy:
100 Key Points & Techniques

造成自我认同极其不一致，并且会逐渐发展成针对早期儿童磨难形成与之相关的不同自我。鲍尔（Power，2012:52-57）罗列了一些方法，在这些方法中显示出，一个像儿童一样遭受到虐待的成人同样可能是不一致的。

对于虐待事件的处理并没有一个公式化的东西，因为每个人的经历和反应都是不同的。好的治疗并不一定与受虐者遭受的虐待有多大的关系，至少和受虐的内容关系不大。不管对于治疗师来说那种虐待看上去有多么重要，他们都不能不考虑来访者是否正在处理那个问题而擅自安排治疗。也就是说，当处理在儿童时期遭受过虐待的来访者的时候，能够了解一个受虐待儿童生活是什么样的以及这可能对他成年后的生活有什么影响是很有帮助的。

对于受过虐待的人有大量的有关权力和控制的争论。所以通过关系发展一种协作程序，尤其是在所签订协议的时间范围内，也许是来访者在一种关系中行驶一些个人权力的首要机会。对于来访者来说，把有关被虐待的记忆以及所有有关的被隐藏起来的感受提取到自己的觉察中是很困难的。有一些来访者在一开始的时候就会把他们儿童时期被虐待的经历说出来，有的人在治疗过程中慢慢地说出来。正是无条件积极关注的一致性表达、对来访者故事的回应、讲故事时的困难性、关于遭受虐待的矛盾心理等，提供了一种氛围，在这种氛围中，来访者能够探索他们的受虐待经历以及虐待在那个时候带给他们的影响。

第六部分　有关生活事件反应的以人为中心理论与实践

87

以人为中心疗法与对生活事件的情绪化反应

对于生活事件我们每个人都会有个人化的情绪反应。一件使我们感到焦虑压抑的事情，有可能会让另一些人感到很好。所以当遇到一个正面临着有情绪反应问题的来访者的时候，以人为中心疗法的治疗师不太会关心其原因，除非这个原因对来访者很重要。然而以人为中心理论对于某些方面有它自己的理解，例如，在抑郁、焦虑和痛苦这些方面的一些理解在治疗中是很有用的。

朗德尔（Rundle，2012a：69-69）表达了她对于"痛苦的医学化"（medicalization of misery）的担忧。她指出以人为中心疗法对于那些把自己描述为抑郁的或者被其他人认为是抑郁的人很有效果。例如，她指出抑郁通常是以在一段关系中的无力感（inability）为标志的，而以人为中心的治疗关系就给了来访者这样一个再次感受和他人联结的重要机会。她进一步考虑了来访者可能经历抑郁的不同情况。有时候生活事件的不停累积会给人们造成一种不知所措和无助的感觉，有时候人们会感觉到没有明显原因的不快，缺乏活力，痛苦，无望，甚至有时候事情看起来是如此的糟糕，以至于觉得自杀是唯一能够看到的解决方法。朗德尔说明了治疗师提供的条件（therapist-provided conditions）是如何允许来访者去探索他们自己的感觉，调动他们自己的实现倾向，来解决他们自我结构中出现问题的部分。按照一些当前以人为中心的思想（见第91、第92个关键点），意识到抑郁可能是一种应对环境和社会情况的正常反应是很重要的。那些身处经济困难之中或者居住很紧张的人感到"抑郁"是很正常的。社会孤立同样可能令人感到抑郁。然而，并不是所有的人在面临这样的问题都会以这样相同的方式来反应。总会有各种各样个人的、家庭的和社会的原因影响着人们在面临一个事件时可能的反应,有的人表现出抑郁,有的人可能并不会。

布赖恩特·杰弗里斯(Bryant-Jefferies,2012:81-84)从以人为中心的视角提供了对焦虑和恐慌的理解。在他记录的关于来访者经历焦虑和恐慌的案例中,他描述了以人为中心疗法会给来访者提供一个机会,这个机会会让他们冒险去承认矛盾的存在以及他们的自我概念和新认识之间的矛盾。当一个焦虑的来访者因自己的新认识而困惑,甚至可能怀疑他们自己是谁(who they are)时(长期以来形成的自我概念受到摧毁的威胁),这个时候需要做的并不是马上介入干预使其安心,而是应该一如既往地维持由治疗师提供的条件(therapist-provided conditions)。甚至当一个来访者正处于高度焦虑和恐慌过程中时,也应该如此。

第六部分 有关生活事件反应的以人为中心理论与实践

88
解决生活事件行为反应的以人为中心策略

有时候当人们被一些发生在他们身上的事情干扰并且感到压力的时候，他们就会在某些行为方面表现出来。卡梅伦（Cameron，2012a：115）认为以人为中心理论承认个体没有自我伤害的动力，但是有时候有的人的实现倾向不能正常工作就会导致那些适应性不良的行为，例如成瘾物质的使用（Cameron，2012a）、饮食问题（Douglas，2012）或者自残行为（Cameron，2012a）。然而，正好相反，罗杰斯（Rogers，proposition Ⅶ，1951：507）讨论到当人们的自我概念有矛盾的时候，有一些需求就会被自己的觉察否决。他还提出（Rogers，1951：509），有时候我们会发现自己正在做一些我们认为是我们不应该或者不能做的事情，然后我们就告诉自己并认为"那不是我"或者"我是被一些东西控制了"。这里的"一些东西"指的就是实现倾向被强迫去满足机体的需要。换句话说，那种明显的伤害性行为很可能是一种对自我的缓解和释放。人们都按照自己的理解做出当前环境下他们可以做出的最好的选择。

然而，正如卡梅伦（Cameron，2012a：117）指出的，药物滥用尽管能够在某些方面减缓心理的紧张感，但是它也能增加紧张感。这对于其他问题行为反应是同样适用的。一个无止境的自我循环（self-perpetuating cycle）可能随之而产生，在这个循环中人们的问题行为[（mis）behave]会减轻心理的紧张感，让人感到很好（或者说至少更好），但是当这种感觉或者说效果逐渐消退之后，人们甚至会感到更大的困扰，进而通过同样的行为来追求减缓这种压力。

100 KEY POINTS

Person-Centred Therapy:
100 Key Points & Techniques

在某种程度上，在治疗中如果面临的问题是一种行为反应，有产生与治疗相反的效果的危险。还有一种始终存在的危险，即当来访者越来越了解自己潜在的心理紧张感的时候，那种对于酗酒和暴饮暴食的内部压力会再一次变得不可阻挡。因此，（例如）对于那些停止滥用药物和酗酒的来访者来说，在他们探索更加敏感的问题之前，他们需要时间去慢慢调整，给他们自己最好的机会去解决这些问题而不是重新开始以前的恶习。理解和尊重来访者出现问题行为的整个过程是提供给来访者一个既非指导性也不是专断关系的基础。

卡梅伦（Cameron，2012a）提出了"处理酗酒者以及毒品滥用者需要知道的事情"，并且将其扩展到他们对生活事件的行为反应之上，从中可以提取以下原则用于实践。

- 为了隐藏自己的行为，大多数情绪调节药物的使用者、自残者，以及有饮食问题的患者都是欺骗方面的专家，他们能够快速准确地识别出不对的地方。有时候咨询师尽量去隐藏自己对来访者行为的反感和沮丧以避免使来访者感到羞愧，但是这些来访者识别不一致的能力可能会对此形成一种挑战。
- 当来访者正表现出自我伤害的行为时，保持无条件积极关注对治疗师来说是一种挑战。这不仅仅是因为当治疗师与来访者产生情感上的联结时，来访者的自我伤害会让治疗师感到很痛苦，而且对来访者的无条件接纳并不会使得他们减少其自我伤害的行为。对治疗师而言有这样一种诱惑，即去减少来访者的行为以减轻其羞愧感。但是这样一来将会妨碍对象征着没有曲解的经验的治疗需要。
- 有关共情理解，对于一些药物基本功效的了解有助于治疗师了解来访者使用或者不使用这种药物对于他来说意味着什么。例如，一个来访者使用海洛因可能是因为在此之前他遭受过情绪上或者身体上的痛苦。安非他命（译者注：一种兴奋剂）使得使用者感到绝对的觉醒和完全的存在，尤其是喜欢这些药物效果的来访者可能也正处于一个低强度的脆弱阶段，内心被麻木所占据。

100 KEY POINTS

以人为中心疗法：100 个关键点与技巧

**Person-Centred Therapy:
100 Key Points & Techniques**

Part 7

第七部分

新发展、优势和理解：为21世纪扩展以人为中心理论

89

在抑郁症咨询中，以人为中心疗法有被实证证实的作用

在英国，"抑郁症咨询"（CfD）是被国家健康和护理协会（NICE）认可的一项治疗方法，并且它作为 IAPT 项目框架中的一部分也是容易得到的治疗（Sanders, 2013:21）。它作为一种整合的模型，是基于经典的以人为中心疗法和情绪焦点疗法（EFT）专门发展出来以应对抑郁症患者。尽管这与以人为中心疗法对于治疗期数的限制看上去有一些冲突，但是 CfD 可以达到 20 期的治疗期数。有关"简短的以人为中心疗法"的实用性的争论早已经开始（Tudor, 2008:1-5, 13-28）。

CfD 的产生和发展源于在以人为中心疗法和经验治疗领域内的先驱理论学者和从业者的辛勤工作，并且得到了越来越多的令人印象深刻的研究证据的支持。在将循证实践、以人为中心疗法和经验疗法作为一个整体的情况下，希尔和埃利奥特（Hill and Elliott, 2014: 13-20）发表和总结了有关抑郁症方面以人为中心疗法和经验疗法的有效性研究。

大量致力于发展 CfD 理论基础的成果也可以更广泛地应用于以人为中心疗法中。例如，不仅为了有关研究的进一步发展，而且作为这一模型能够应用于实践的必然要求，桑德斯和希尔(Sanders and Hill, 2014:99-115）给出了一个重要、谨慎且有用的关于抑郁的描述，这一描述涵盖了以人为中心、EFT 理论和实践。而或许由于传统以人为中心疗法的治疗师对于"诊断"一词的抗拒，根据以人为中心理论去尝试理解被描述为"处于抑郁状态"的人（他们自己或专家认为他们可能患有抑郁问题）的经验，这项工作在之前似乎并没有人去做。更进一步地说，桑德斯（Sanders, personal communication, 2014) 认为这是人们第一次企图根据以人为中心理论，一致和连续地构建和解释"医学上的疾病"。

基于以人为中心理论和情绪焦点疗法（EFT）理论，学者们认为对于理解抑郁的经历有四个基石，它们是：

- 自我的本质（the nature of self）；

- 自我矛盾（self-discrepancy）；

- 自我完型对话（self-configuration dialogue）；

- 情感的本质（the nature of emotions）。

桑德斯和希尔（Sanders and Hill, 2014: 100–115）也提供和发展出了大量陈述，这些陈述作为其抑郁理论中的一部分。

尽管（由于以人为中心对于"诊断"和操作性实践的抵触）CfD 的发展和实施在以人为中心世界中并非没有争议，但是许多人还是把 CfD 看成一种重要的、很好实施的、出于善意的一种力量，这种力量推动着以人为中心疗法和经验疗法更进一步的发展，并且使之成为一种基层治疗中被推荐的选择。桑德斯和希尔（Sanders and Hill, 2014:2）指出这种发展使得这一领域的咨询师直到最近才获得与由 IAPT 支持的认知行为疗法（CBT）从业者相等的待遇。正如桑德斯和希尔所说的，或许最重要的是 CfD 给这类服务的使用者们提供一个新的治疗选择，这种选择包括咨询。

尽管，正如希尔（Hill, 2012:223）所指出的，CfD 并不是一种很纯正的以人为中心咨询方法，而是对以人为中心疗法和情绪焦点疗法的一种考虑周到的整合，他认为以人为中心疗法的治疗师是提供 CfD 的最佳人选，而不是以人为中心疗法或情绪焦点疗法治疗师中的任意一个。这是因为 CfD 的职业能力素质（一般来说就是实施 CfD 所需要的知识和技能）是基于以人为中心理论，并且以人为中心疗法的治疗师都早已经掌握了其所需要的治疗技巧。桑德斯和希尔（Sanders and Hill, 2014:4）认为对于一个经验丰富的以人为中心疗法的治疗师来说，他们会感到对 CfD 很熟悉，因为他们会在其中发现大量他们日常工作中的内容。

90

以人为中心方法是一种积极心理学

约瑟夫和墨菲（Joseph and Murphy, 2013a & 2013b）指出，以人为中心理论和以人为中心的方法与积极心理学的目标是一致的。这一观点源于莱维特（Levitt），他在2008年将以人为中心的方法和积极心理学联系在一起。积极心理学不像其他学派试图去理解人类的心理，而是着眼于幸福和机能最优（optimum functioning）的定义以及如何达到这些。为了符合这样的宗旨，积极心理学家抛弃了研究人类心理疾病的传统（注：第二次世界大战后的心理学主要以解决人的心理疾病和心理创伤为研究对象）。塞利格曼和契克森米哈（Seligman and Csikszentmihalyi, 2000: 5）在2000年的时候指出："积极心理学的目标是促成一种心理学关注目标的转变，使心理学的关注目标从修复糟糕的心理疾病转变为帮助建立积极的品质。"约瑟夫发表了自己的看法，他认为以人为中心的人格理论提供了一种关于人的身心状态的最好观点，并且对于理解人类的不幸和痛苦，相较于医学模型来说，它也是一个更好的选择（Joseph and Worsley, 2005: i）。

一般来说，以人为中心疗法的治疗师并不认为用一种疾病的模式来描述心理和精神困扰是适当的。与此同时，以人为中心理论能够提供更具建设性的方法，认为强调增加人们的幸福与其说是一种治疗目标（尽管确实是），不如说更应该作为人们存在的一个重要基本要素。所以，在以人为中心疗法的治疗师看来，精神健康不仅仅是指精神没有疾病，它是一种个人欣欣向上、不断向前进步、能够适应变化或接纳变化，以及实现个体潜力的状态，而这与积极心理的观点是不谋而合的。

根据西林在19世纪50年代中期写过的著作，他认为（Shlien, 2003: 17）在为数不多的对心理健康的积极概念化中,他有所了解的是罗杰斯对机能健全者的见解。机能健全者这一概念指的是一种方向性的发展,而不是指一种存在状态。它是一种"成为"的过程(Wilkins,2003:52-53)。为了描述"更加健全的机能的过程",罗杰斯(Rogers,1967:191-192)描写了"心理上自由"的人:

> 他更能够经受自己的所有情绪感受,更少害怕自己的任何一种情绪;他能够自己过滤所见所闻,并且他更能够接受各种不同来源的见闻;他会完全地投入到做自己、成为自己的过程中去,且因此发现自己是健全的和具有现实的社会性;他更为完全地活在当下,而发现这就是人生中最充实的生活。他逐渐成为一个机能更健全的有机体,并且由于在自由流动的体验中能觉察到自己,他逐渐变成一个机能更健全的人。

在弗里思(Freeth,2007:37-38)的文章中,她讨论了成为一个机能健全者意味着什么:

> 从本质上说,机能健全者是完全一致并和谐的人。罗杰斯认为这样的一个人是能够拥有"存在式生活"的人,即这种人能够完全活在当下,并且带着个人内心的自由,以及随之而来的兴奋、创造性和挑战等方面。

这段表述隐含的意思是,机能健全的人应该能够积极对待各种经历和"见闻"(evidence),而这两者都表现为对变化的敏感。

借用克尔凯郭尔(Kierkgaard)的话,罗杰斯(Rogers,1967:181)认为治疗目标就是"成为真正的自己"。罗杰斯列举一个人在成为自己的过程中可能具有的特点,其中与积极心理学相关的特点如下:

● 成为一个由复杂的感受和反应组成的和谐整体,而不要变成一成不变的简单的刻板个体;

● 要具有创造的现实性和现实的创造性(being creatively realistic and realistically creative);

● 为自己成为一个敏感的、经验开放的、现实的、有主见的人而感到自豪,用勇气和想象力去面对环境变化的复杂性。

约瑟夫和沃斯利(Joseph and Worsley, 2005 & 2007)的著作是两部强调以人为中心方法对积极心理学心理健康影响的文集。而在约瑟夫和墨菲(Joseph and Murphy, 2013a & 2013b)的文献中把心理健康作为探索和连接起积极心理学和以人为中心心理学的一个接口。

91

以人为中心疗法认为精神或者情感困扰来源于所处的社会和（或）环境

在以人为中心学者之中，有一个广泛传播并且越来越被广为接受的观点，即认为精神和情感困扰并不是内在的和内源性的，也不单单是由于人际交往或者对重要他人关系的一种反应，而是源于所处的社会和（或）环境。或许更准确地来说，困扰并不是完全或主要来自于内在过程或者人际关系，而是可能来自于个体对其生活的社会和环境方面的曲解。这里还有一个假设，即"疯狂"是一个社会性的定义，并且社会和政治环境至少会加剧和恶化精神困扰。例如，普罗克特（Proctor, 2002: 3）指出，很多证据都表明了个体遭受心理困扰的可能性与个体在社会中的位置及其相关的结构性权力有关。桑德斯（Sanders, 2006a: 33）也陈述了这一观点，越来越多的证据表明心理困扰是来源于社会而不是生物方面的原因。甚至，他更进一步地说，事实上并不存在心理疾病这种东西。他用下面的例子来证明自己这一观点：

> 遭受性虐待的人被确诊为精神分裂症的概率是普通人的三倍，因为受到贫穷和种族歧视的人除精神分裂症之外被确诊为精神病的概率也是普通人的三倍，童年时期被忽视和遭受虐待也与精神疾病高度相关。

桑德斯在 2007 年写道（Sanders, 2007e: 184）：

- 尽管精神病治疗药物已经投入使用55年,但是精神分裂症的恢复概率在这55年里并没有上升;

- 心理疾病实际上是理论名称而不是真实存在的事物;

- 有证据表明在贫穷中成长对患上心理疾病有一定的影响。

总结来说有以下几点:

- 痛苦不幸的社会造就痛苦不幸的人民;

- 痛苦不幸的人以一种令人痛苦不幸的方式行动;

- 与普遍意义上的"我们"相分离的人会表现得更像一个个体而不是一个人;

- 这种行为会造成社会更加不幸,也会给个体造成更多情感困扰;

- 经济因素对情感和精神困扰有影响。

如果情感和精神是来源于社会的,那么采取社会性的治疗就能够说得通了。

第七部分　新发展、优势和理解：为 21 世纪扩展以人为中心理论

92

以人为中心疗法有社会维度

最近，以人为中心理论家又回到了人类本质关系的中心。这是现在广为人知的对话式治疗方法的核心。这种治疗方法中一个最重要的拥护者就是彼得·施密德（Peter Schmid）（见第 31 个关键点）。施密德（Schmid, 2003: 10）强调"基本的我们"（fundamental We）作为以人为中心方法的基本特征。他认为，我们每一个人都作为"我们"的一部分而存在，并且"我们不可避免地会成为世界的一部分"。他对"我们"的解释如下：

这个"我们"包含了我们的历史和我们的文化。它并不是一个相同不可区分的群体，同样也不是一个个我的累加形成；它包含了共同的和有差别的东西，两者都很重要。只有当相同点和差异并存才能构成一个"我们"。

他还进一步指出这种对"我们"的忽视造成了很糟糕的影响，这种影响包括极权主义和恐怖主义的成长和扩散。所以在以人为中心的体系之中，有机体是存在于关系之中的，他与"我们"相联系，"我们"是一个完整的整体，而有机体是其中的一部分。对这种关系的扭曲和阻碍造成了个人和社会的痛苦和不幸。对于我来说，"我们"是这样的（Wilkins, 2006:12）：

- "我们"意味着一种连通、相互联系，超出了一般的有机体（go beyond the organism）；

- 可以把"我们"构想成一个变化的有机体系，我们每一个人都包含其中；

- 伤害"我们"就是伤害自己；

- "我们"指的不仅仅是我们所在的社区、全人类或者所有的生命，更指的是我们地球上的一切。

以上这些不仅仅对治疗有帮助，对于指导我们的生活也有帮助。

像精神和情感困扰（确实如此，作为一个整体的人类幸福感与我们所依赖的环境有关）受到关注一样，对于这种处理社会问题的需求的构想促成了"以人为中心社会治疗"的开端。对社会治疗的总结如下（Wilkins, 2012:243-244）。

- "我们"需要他人，也被他人需要。

- 令人满意的生活需要邂逅和沟通。

- 爱、关心、宽恕和帮助都是我们所需要的，因为如果我们没有了这些，那么存在（包括个体、社会、人类和星球）也就受到了威胁。

- 更具社会性的人相较于不那么具有社会性的人会活得更好。

忽视上面这些原则不仅会对个人还会对群体、社会和国家造成痛苦和不幸。因为我一直相信预防总是比治疗要好，并且我们应该从公众健康的维度来看待以人为中心疗法（Wilkins, 2012:245）。施密德（Schmid, 2014）是这样看待这一方法的：

- 一种指向社会的治疗方法；

- 一种属于社会的治疗方法。

所以以人为中心疗法是这样的：

- 它是一个（有关各种学科的）需要由实践性学科、社会科学以及有益于健康的社会工作等共同努力，探讨人类与其所处的环境以及与整个环境关系的理论、研究和实践问题。

93

以人为中心疗法很适合遭受严重和持久心理困扰的人

从前面的许多关键点可以明显看出,尽管对于以人为中心疗法有一个很普遍(但正在减少)的看法,这一看法认为以人为中心疗法对于严重的和持久的精神和情感困扰没有作用,但是这一领域的理论家和从业者提出了越来越多的想法和工作方式,认为以人为中心疗法可应用于以前认为是超出其治疗范围的地方(Pearce and Sommerbeck, 2014: V – VI)。桑德斯(Sanders, 2013: 18)指出,即使这一方法的历史所表明的并非如此,但"在很多年以来,以人为中心疗法都遭受着一种由于错误信息造成的批判,这种批判认为以人为中心疗法只适合于那些类似于'健康焦虑症'的问题"。萨默贝克(sommerbeck, 2014b: 159)归纳了以人为中心疗法由于以下"四个错误"不适合于此类人群的观点:

- 对精神病共情理解与共情理解或强化这种共情理解相结合的思想;
- 对于非指导性和非结构化的混淆(见第 13、第 46、第 50 个关键点);
- 认为以人为中心疗法太过深入和深究了;
- 混淆治疗方法理论和人格理论。

她对这些观点进行逐一检查,然后论证了它们为什么以及怎么是错误的。她认为那种对"精确的共情理解的表述"使得来访者没有理由去保护他们自己对现实的感知,这会使得来访者考虑替代性的观点,然而"现实修正"会形成一种具有潜在伤害、威胁的冲突。

有关那种认为以人为中心治疗太过深入使得来访者感到很困难的见解，萨默贝克认同那种（虽然是巧妙地且出于好意地）指导他们进行更深层次的体验，因而能更近地与情绪性刺激物进行接触，最终可能很容易造成伤害的观点。她认为对这样的来访者来说"对来访者的内在参考框架或心理状况进行'一般意义上的'准确的共情理解"，其首选是增加共情，增加觉察边界的共情或者具有关系深度的工作（见第28、第38个关键点）。萨默贝克持有这样一种观点，他认为作为一个治疗师只有当他坚信他所提供的核心条件是有效的，并且把它提供给来访者以促进来访者激发自己的潜力，这才是这个治疗师做得最好的。这是因为痛苦背后的原因是"对以人为中心治疗的真实实践没有真实的结果"。然而，没有必要为了接受萨默贝克以下表述中所揭示的事实去赞同这一"理论中立"（theory free）的方法：

以人为中心疗法对于严重的心理疾病没有疗效，这是虚构的，是与事实相反的。以人为中心疗法非常适用于那些来访者，也可以扩展到先期治疗中（见第34个关键点）。以人为中心疗法能够触及精神病治疗法难以触及的角落。

萨默贝克（Sommerbeck, 2014c: 171-186）也谈到了治疗者的很多局限性。这些局限性包括治疗能力的局限性、环境布置的局限性，以及特异性的局限。

第七部分 新发展、优势和理解：为 21 世纪扩展以人为中心理论

94

以人为中心实践和严重持久的心理困扰

以人为中心疗法对于那些有严重和持久精神和情感困扰的人群有很好的疗效。来自英国和世界各地的以人为中心疗法的从业者发表的成果使得其疗效得到越来越多的认可。许多的以人为中心理论得到不断应用，并且其治疗方法也被应用于新的来访者群体和新情况。这些使得以人为中心理论得到发展和拓展，反过来这些理论又会被拿来进行创新性的应用。具体的这些理论的发展包括：对于"心理创伤"的重新概念化；在以人为中心疗法之中，"个体发生根本性改变的开始被认为是创伤后的成长"（Murphy and Joseph, 2014:3）。以对来访者"丹尼斯"治疗的干预措施为例，墨菲和约瑟夫仍在继续约瑟夫（Joseph, 2004, 2004, 2005）当初的工作，即用以人为中心理论来理解创伤后压力。墨菲和约瑟夫（Murphy and Joseph, 2014:12）以以人为中心理论构建了"一种有关创伤的彻底的本体论"。这是因为，和现有的其他治疗方法推崇与来访者一起体验创伤后压力不同，他强调由来访者而不是治疗师确定治疗方向。

桑德斯（Sanders, 2013:21）已经指出，柯申·朗德尔（Kirshen Rundle）和温迪·特雷纳（Wendy Traynor）正在积极独立地研究"在一个大的生物医学精神治疗系统中建立以人为中心心理治疗的困难"。除其他事项外，朗德尔和特雷纳都对和那些能聆听的人一起以一种以人为中心的方式工作很有兴趣。借鉴朗德尔的观点（Rundle, 2010），从以人为中心理论和实践的视角，桑德斯（Sanders, 2013:20）总结了聆听（hearing voice）这种经历应该被如何理解、处理聆听者（Voice hearer）的治疗策略以及治疗的可能结果。朗德尔（Rundle, 2012b）

和第 91 个关键点也提及了关于经历不同"现实"的来访者的相关研究。特雷纳等人（Traynor et al., 2011）论述了治疗正经历精神疾病痛苦的来访者的以人为中心治疗师的看法和观点，并且研究了以人为中心疗法对于正经历精神疾病痛苦的成年人的疗效。在研究中，她报告"最激动人心的发现是，PCT 在增强来访者社会和人际交往能力方面的作用"。她进一步指出，这一发现对于帮助来访者提升其生活质量很重要，同时这也与以前的研究结果互相印证。

朗德尔（Rundle, 2012b：100-111）呈现了其很多从业经历，她处理经历过不同现实（experience reality differently）的人并且把这些放到不同的理论背景中去解释。她写道，无论有多么奇怪，共情和接纳来访者的经历并不是私下的约定。然而，她同样写道："我们必须认清其中与我们不同的地方，并告知来访者。"这是治疗师一直以来遵守的真理，当来访者在向治疗师坦露那些从来没有说出过的事情时，它能够确保容易受到伤害的来访者的安全。在共情接纳和向来访者反馈时，必须立足于来访者所说的事情，同时"从其中的线索找出隐含的特殊意义也很重要"。

第七部分　新发展、优势和理解：为21世纪扩展以人为中心理论

95

以人为中心疗法的广泛应用

以人为中心疗法被有效地应用于超出心理治疗通常范围的来访者身上。根据皮尔斯和萨默贝克（Pearce and Sommerbeck，2014：V）所说，其中一些治疗甚至被认为是"超出治疗范畴的"。这些治疗案例包括由于学习困难、自闭、严重孤僻、精神错乱以及临终造成的接触缺陷（contact-impaired）人群。他们在书中写道，以人为中心疗法的治疗师在面对被称为"困难边界"（difficult edge）的人群时很有办法。另外，以人为中心疗法对于那些实际上并没有"生病"的来访者也很有效，这些来访者或许并不是真的感到痛苦，只是他们在年龄、社会关系或者一些特殊需要方面有一些特别的情况。下面是一些以人为中心疗法治疗的案例，这两个案例中的来访者就属于上面的两种情况。

以人为中心疗法在治疗痴呆患者方面已经有了一定的进步。里普斯卡（Lipinska，2009 & 2014）记录过他与一个患有超过30年痴呆患者的治疗关系。并且多兹等人（Dodds et al.，2014）详细记载了他们应用先期治疗技术治疗具有相同性质的来访者群体的情况，在其他方面，接触方法提供了"情感导向的工作方式，帮助全体人员维持一种连续的意识来看待痴呆患者"。

以人为中心疗法在面对有些并不是真正的精神疾病时有了长足的发展和进步。这些患者有可能只是或多或少与正常人想的不一样，因此在与正常的世界交流的时候出现了一些困难。例如，昌滕（Ruttern，2014:75-79）描述了自闭的治疗以及在对自闭患者和正常人进行咨询时两者之间的差别和相同点。卡里克和麦肯齐（Carrick and Mckenzie，2011:73-88）发表了他们关于先期治疗应用（见第34

个关键点）和以人为中心疗法在自闭症领域应用的研究。同样，霍金斯（Hawkins, 2005 & 2014）也认为以人为中心疗法在面对有学习困难的人群时是一种有效、有价值的方法。

以人为中心疗法也被应用于处理人们在不同人生阶段面临的问题或者个人的特殊需要。举例如下。

波特纳（Pörtner）写道，以人为中心疗法的原则被应用于每天照顾年纪大的老人（2008）或者有特殊需要的人（2007）。沃什伯恩和洪堡（Washburn and Humboldt, 2013: 304-308）也记录过将以人为中心疗法应用于年纪大的人。

在贝尔等人（Behr et al., 2013）的书中记载了以人为中心疗法在面对儿童和年轻人时候的应用，科尼利厄斯·怀特和贝尔（Cornelius-White and Behr, 2008）以及基斯和沃尔什（Keys and Walshaw, 2008）等人也有提及。

盖林（Gaylin, 2001 & 2008）、奥利里（O'Leary, 1999 & 2008 & 2012）以及奥利里和约翰斯（O'Leary and Johns, 2013）等人的著作中写到了以人为中心疗法在家庭以及夫妻之间的应用。

第七部分　新发展、优势和理解：为 21 世纪扩展以人为中心理论

96

以人为中心疗法和其他治疗方法的结合

桑德斯（Sanders，2013：19-20）记录了以人为中心理论的许多方面及其如何同新的方法一同应用到承受严重持久精神困扰（精神病）的人中去。桑德斯将以人为中心的方法同近来兴起的理论和方法等进行比较，得出了以下结论。

● 实现倾向和认为人类具有一种与生俱来的有机体智慧的观点，与鼓励来访者去自己解决问题的策略以及认知行为疗法（CBT）的解决策略（Tarrier et al., 1990）有一定的重叠。这一方法与以人为中心疗法中的一些处理是不谋而合的，那些处理让来访者解脱来自实现倾向的束缚，以保证让他们依照自己的本能来控制自己的恢复。

● 主动接受非评价观点的以人为中心治疗师（见第 19、第 80 个关键点）与罗默和埃舍尔（Rommer and Escher，2000）两人的相关工作是一致的，他们在工作中主张去接受声音、幻想和其他不同寻常的想法。在以人为中心疗法中，所有的经历、行为、情感和想法都是有意义的（见第 36、第 91、第 96 个关键点）。以人为中心治疗师努力地去共情理解来访者的经历（见第 20、第 28、第 82 个关键点）。这样反过来可能会揭示来访者隐含的问题。

● 在以人为中心疗法中，对于经历和行为没有分类划分，因此对于行为的类型和程度并没有以人为中心导向的区分，只有当具体到来访者时才会确定（见第 32 个关键点）。这回应了本托尔（Bentall，2003）所说的正常行为和不正常行为之间是连续的没有明确界线的。他同样记录了以人为中心疗法如何成为一个没有污点的模型，并且超过 70 年不断吸引来自临床学、社会学和诊断的文化医源性（见第 37 个

关键点）等方面学者的关注（Sanders, 2005 & 2006a; Shlien, 1989）。

● 莫舍（Mosher, 1999:37）描绘了在传统的索特里亚工作坊（Soteria House）中被称为"一天24小时人际现象学干预应用"（24 hour a day application of interpersonal phenonmenologic interventions）的治疗。因为以人为中心疗法是现象学疗法的前身（见第4个关键点），所以在莫舍的描述中现象学疗法与现在的以人为中心疗法相当接近。

● 罗杰斯（Rogers, 1959）给出了他关于共情的确切定义，并且对于真实的来访者和反射的治疗师的经验进行了明确的区分（"仿佛"这些是来访者的经验，但也只是"仿佛"，并非真正是来访者的经验）。这与联结理论最近的观点相似，例如，在福纳吉（Fonagy）（Allen et al., 2008）的著作中，被认为是"明显的镜像"（marked mirroring）（译者注：治疗师表现出他们能够理解来访者的情感）。以人为中心治疗关系作为一种整合的体验，满足了被视为对鼓励和维持临床实践心理化（mentalising）十分重要的这一治疗关系类型的标准。

以人为中心对于诊断的态度源于它本身的起源（见第32个关键点），同样也可以从它对标签化遭受精神困扰人态度的发展和变化中反映出来。例如积极心理学运动（见第94个关键点），对精神和情感困扰来源于社会和自然环境这一观点得到越来越多的认可（见第37、第95个关键点），PCCS出版的大量书籍包括"A Straight Talking Introduction to……"（译者注：一系列作品的名字）（Coles et al., 2013; Johnstone, 2014; Johnstone and Dallos, 2013; Read and Sanders, 2010）。桑德斯（Sanders, 2013:18）指出，以人为中心疗法的治疗师和精神服务需求者之间存在着一个天然的联盟，旨在"从哲学和语言上通过去医疗化使得精神健康问题摆脱污名"。这些从一开始就是以人为中心理论和疗法的核心问题。

97

研究证实以人为中心疗法是有效的

有很多研究证实了以人为中心疗法的功效。尽管从这个疗法创建开始,一直到19世纪90年代以后才出现最相关且有说服力的证据资料。在博扎思(Bozarth,1998:172-173)最近才刚刚发表的研究结果中,他发现并没有证据证明特定的治疗对特定的机能障碍有效果,但是治疗者和来访者之间的关系质量却对治疗效果有显著的影响。库珀等(Cooper et al.,2010b)提供了一个对以前研究的回顾,他们展示了以人为中心疗法和经验疗法在疗效方面的调查并对其方法的发展进行了元分析。

与以人为中心疗法的疗效有关的现今研究证据包括以下几点。

● 结果研究:元分析的结果(Elliott et al.,2004a)显示,接受过以人为中心治疗的人相较于正在等待治疗的人或没有接受过治疗的人有很大比例的人获得了改善。

● 对于以人为中心疗法对不同心理问题疗效的研究:埃利奥特等人(Elliott et al.,2004a)发现,一旦将研究者本人的因素控制之后,以人为中心疗法、认知行为疗法(CBT)以及情绪焦点疗法(又称为过程-体验式疗法)这三者在焦虑、抑郁以及精神分裂症方面的疗效相同。

● 有效治疗关系的关键因素以及充分必要条件:通过对以往有关治疗关系元素以及它们如何影响治疗结果的研究的最全面回顾(Norcross,2002),表明共情是保持良好治疗关系一个很有用的元素,积极关注和一致(congruence)也同样有效果。

埃利奥特和弗莱雷（Elliott and Freire，2008）完成了一个很重大的工作，他们把过去60年有关以人为中心疗法以及相关治疗方法的疗效的研究进行了整合。他们的样本超过180个科学研究结果，这些结果提供了多重证据来证实这些疗法是相当有效的。他们的主要发现如下。

- 以人为中心和经验疗法（PCE）与来访者前后测的巨大变化相关。通常，这些疗法对来访者很有效果。更进一步地说，由斯泰尔斯等人（Stiles et al.,2006 & 2008）在英国进行的两个大型研究发现，他们用CORE-OM（注：一种自陈式问卷，包含前后测）测量发现以人为中心和经验疗法有很好的效果。

- 来访者在治疗后能持续受益。来访者从PCE的治疗中一直能够有所获益。如果PCE与其他的疗法有什么不同的话，那就是来访者在PCE治疗之后的第一年中能够表现出少量进步。这种治疗后好处的可持续性与PCE哲学中增强来访者自我决定和授权的观点相一致，这表明来访者在结束他们的治疗后还持续进行自我成长。

- 与没有接受过治疗的人相比，接受过以人为中心治疗的来访者表现出更大的进步。为了探究PCE疗法和来访者变化之间的因果关系，必须要将接受过治疗的来访者和那些没有接受过治疗的人进行比较。

埃利奥特和弗莱雷（Elliott and Freire，2010）也提供了一项元分析，对以人为中心疗法的效果进行了说明。并且埃利奥特（Elliott，2013）提出了一个更新版本的研究证据，用数据从以下这些不同的方面说明以人为中心疗法的有效性（Sanders，2013:22-23）。

前后测研究

- "开放性临床试验"和有效性研究；

- 191 个研究，203 个研究样本，14235 名来访者；
- 结论：以人为中心和经验疗法确实对来访者变化有积极的效果。

对照组研究

- 等待治疗的条件或不接受治疗的条件。
- 63 个研究样本；60 个研究，包括 31 个随机对照试验（RCTs）；2144 名来访者；1958 名对照者(controls)。
- 结论：以人为中心和经验疗法相较于不接受治疗要好得多，有很高的效应量（effect size）。

98

以人为中心疗法至少与其他疗法同样有效

为了说明以人为中心疗法是有效的,有关研究已经成功证明以人为中心疗法至少和其他疗法一样有效。就这点而言,研究十分关注 PCT 和 CBT 的比较,但是并没有排斥其他方向的比较研究。从以人为中心疗法和其他方法的比较研究中有一个重要的发现,即当"研究者忠诚"(research allegiance)被控制之后,埃利奥特等人(Elliott et al., 2004a)发现以人为中心疗法和其他治疗方法的效果的明显差异消失了。从结果来看,它们的治疗效果是等同的。这与许多心理治疗方面的研究结论是相同的。这些研究中,最近的一个是斯泰尔斯等人(Stiles et al., 2006)的研究,他收集了 1309 名来访者的资料,这些来访者中有的是接受认知行为治疗的,有的是接受以人为中心治疗的,还有的是接受精神动力学治疗的,他使用 CORE-OM(Clinical Outcomes in Routine Evaluation-Outcome Measure,译者注:"实际上是一个自陈式问卷,用于测量治疗效果")对其进行测量比较。这表明,来访者不管接受哪一种疗法都有了显著的提升,这些治疗方法之间并不存在真正的差异。

与此相似,埃利奥特(Elliott, personal communication, 2010)在对自己和弗莱雷(Elliott and Freire, 2008)的文章总结中提出以下观点。

● 以人为中心疗法总体上来说和其他的治疗方法在临床效果和统计效果上是等同的。也就是说,以人为中心和经验疗法(PCE)并不会比其他的疗法更有效,也不会不如其他的疗法。

● 一般看来,以人为中心疗法可能与认知行为疗法(CBT)差很多。CBT 疗法的治疗师、政府官员和普通大众都认为认知行为疗法比其他疗法如以人为中心疗法更好。但是，首先以人为中心和经验疗法的疗效看起来可能稍微不如认知行为疗法，但当研究者对疗法的忠诚被控制之后，这种差异就消失了。

● 所谓的"非指导性的/支持性的"治疗方法相较于认知行为疗法治疗结果较差，但是以人为中心疗法中其他形式的治疗效果与认知行为疗法等同甚至更好。在一些研究中被称作"非指导性的/支持性的"疗法是打了折扣的，事实上并不是真正的以人为中心和经验疗法，它更普遍地被认知行为疗法研究者使用，尤其是在美国。一旦那种非指导性的/支持性的疗法从统计数据中移除之后，以人为中心和经验疗法与认知行为疗法的治疗效果在统计上就等同了。

桑德斯（Sanders, 2013:23）发表了一个非常简洁的总结，这个总结做了以人为中心疗法和其他疗法（非以人为中心疗法）的比较研究。他从135个比较样本、105个研究样本、100项研究、91个随机对照试验、6097名来访者得出了结论，即以人为中心的体验式疗法与其他疗法同样有效（主要是与认知行为疗法的比较），差异的效应量很小（总效应值 -0.01，加权后，仅针对随机控制试验结果）。

从定量研究和实证研究中很难知道怎样、何时、何地以及对于何人以人为中心疗法是更好的选择。这是一个信念的问题，对于很多以人为中心疗法的治疗师来说，他们的治疗确实带给来访者一些不同（有用的不同），并且这些在包括案例研究和定性研究中是隐含的且难以察觉的。库珀等人（Cooper et al., 2010b: 240）强调，目前不仅仅急需高质量的随机对照试验研究，也急需使用来访者群体自己的感知和理解进行有效的定性调查研究。他们提出各种各样的案例研究能够提供一种具有"特别价值"的研究方法，这种方法能够基于个案式的和定性的数据提供各种不同的证据来支持和发展以人为中心疗法。

99

以人为中心疗法是一个有活力的、不断发展以满足21世纪人们需要的疗法：经验和超越

通过对经验的思考、研究和务实的态度，以人为中心疗法正在不断发展成为解决问题的方法。正是这些使得以人为中心之理论、实践以及服务提供方面得到发展。这源于罗杰斯 [他开创性的贡献在于心理治疗方面的研究，埃利奥特和法伯（Elliott and Farber，2010）将他视为心理治疗研究之理论和实践先驱]，并且目前还在继续发展。在21世纪，以人为中心疗法是一个不断发展且充满活力的疗法，它对于人们（个人、团体甚至民族或者国家）需求的反应是十分敏感的。下面是对以人为中心治疗正在发展中的一些方面以及以人为中心方法整体的总结。

许多对于罗杰斯（1951 & 1957 & 1959）在其基础性研究作品中所描述的经典的以人为中心疗法的理论扩展，将在这里提及或者在本书前面的一些"关键点"中已经有了介绍（主要参考第23～28个关键点，但是新的思想已经融入了对这一方法的原则和哲学的思考，本质上巩固了这一方法及经典的以人为中心疗法）。正如本部分一开始所说的，这些发展包括一些正在进行的东西。

● 两版的《*Person-Centered and Experiential Psychotherapies*》（2012，卷11，问题3和4）致力于非指导性的论文。

● 充分必要条件不断被重新评估和讨论。例如，格兰特（Grant，2010）有关共情的、墨菲等人（Murphy et al.，2010）有关接触和感知之间相互影响的，以及《*Person-Centered and Experiential Psychotherapies*》（2012，卷12，问题3）均涉

第七部分　新发展、优势和理解：为21世纪扩展以人为中心理论

及一致性和不一致性的讨论。

● 来访者对于以人为中心疗法有效性的影响（Bohart and Tallman, 2010; Hoener et al., 2012）。

● 有关关系深度（见第38个关键点）的概念，人们持续进行研究（Knox and Cooper, 2011; Knox et al., 2013; Wiggins et al., 2012）。

理解怎样以及为什么使用以人为中心疗法来处理特定来访者的问题是目前研究和重新构思的一个主题。这在第86～92、第93、第96、第97个关键点中有一些介绍，这里还有一些。

● 案例研究涉及社会焦虑（MacLeod and Elliott, 2014）、来访者和治疗师之间的相互作用（Tickle and Murphy, 2014）、《*Person-Centered and Experiential Psychotherapies*》（2014，卷13，问题2，就是一个特殊形式的案例研究）。

● 在学校中正在进行的、大量的咨询研究（Cooper, 2006 & 2008 & 2013b; Pattison et al., 2007）。这些研究旨在通过随机对照试验建立一个全面的实证证据（Cooper et al., 2010a）。

根据普罗克特等人（Proctor et al., 2006）概括的以人为中心方法在社会变革中的应用及第95个关键点，社会和政治领域对于以人为中心方法保持了集中关注，同样差异和多元化的政治也有许多问题值得以人为中心方法加以关注。举例如下。

● 施密德（Schmid, 2012）认为一种政治性理解是以人为中心方法本质上与生俱来的，并且其（2013）探究了作为社会伦理学一种实践形式的以人为中心方法的人类学、认识论以及伦理学基础。

● 普罗克特（Proctor, 2011）提出，对于"善用各种不同修辞"（译者注：在政治上）的反对，因为它模糊了不平等并且因此造成了权力结构的固化。她认为以人为中心方法可以用于权力和不平等的研究。

- 拉戈（Lago，2011b：235）指出，对于以人为中心治疗师来说，他们要和那些被认为是"不同的"和"多种多样的"来访者打交道，治疗师需要对由社会构建和决定的因素的多样性保持足够的敏感。

- 皮特·桑德斯（Pete Sanders, personal communication, 2015）对于政治咨询和心理治疗有着明确的兴趣（见第98个关键点）。他不断地通过工作坊、会议等来发表他对此的见解。他把以人为中心方法看作一种天然的"用户活动"（user movement）（就是说，人们应用心理学，同时心理治疗服务也因他们的需求而存在）。

第七部分　新发展、优势和理解：为21世纪扩展以人为中心理论

100

以人为中心疗法还有待继续发展

全书介绍了很多有关以人为中心疗法怎样、何时以及何地使用的研究，第99个关键点对其疗法的有效性进行了证明。正如埃利奥特（Elliott, 2013:476）所说的："PCE疗法还有很多的问题有待研究"，下面他列出了PCE疗法可以扩展的领域。

① PCE疗法针对不同的来访者人群的疗效如何？

② PCE疗法对特定的来访者疗效如何？

③ 促进条件（facilitative conditions）对PCE疗法的疗效有何作用？

④ 对来访者的深度成长来说，治疗师的促进性回应方式有何即时作用？

⑤ 在PCE治疗中来访者感到最有帮助的是什么？

⑥ 在治疗中来访者发生变化的时刻有哪些特征？

⑦ PCE治疗师应该知道怎么做才能使不同的来访者在治疗中得到帮助？

⑧ 在PCE治疗中/咨询训练中改变流程（process）会有什么样的作用？

他进一步指出，对于以人为中心疗法的治疗师而言，还有很多的科学领域有待开拓……人本研究与PCE疗法的价值观和实践方法是相一致的。

库珀等人（Cooper et al., 2010b:243-249）也列出了PCE疗法中短期优先

需要解决的七个重要问题：

- 实施随机对照试验能够引起政策制定者的注意；
- 继续准备和发表严格的高质量的元分析研究；
- 通过过程效果研究探究有效治疗中的关键因素；
- 发展和验证 PCE 友好的测量方法和工具，使其能够以与 PCE 理论相和谐的情况下测量疗效；
- 通过研究来发展新的实践方法和理论；
- 继续发展以人为中心研究方法，其发展有助于挑战随机对照试验目前的主流地位；
- 继续站在案例研究发展的前沿。

以人为中心疗法的原则和伦理如何成为我们研究的基础已经被探讨过了，例如，测量方法的发展（Freire and Grafanaki, 2010；Freire et al., 2014）和直接将以人为中心归属于研究方法本身（Haselberger and Hutterer, 2013；Wilkins, 2010）。然而还有很多需要去做的，正如埃利奥特（Elliott, 2013:479）所说的："研究并不仅仅有政治上的必要性，它同样是一个人实现倾向最单纯的诠释。"

参考文献

Allen, J. G., Fonagy, P. & Bateman, A. W. (2008) *Mentalizing in Clinical Practice*. Arlington, VA: American Psychiatric Publishing.

Barrett-Lennard, G. T. (1997) The recovery of empathy – toward others and self. In A. C. Bohart & L. S. Greenberg (eds) *Empathy Reconsidered: New Directions in Psychotherapy*. Washington DC: APA Books.

Barrett-Lennard, G. T. (1998) *Carl Rogers' Helping System: Journey & Substance*. London: Sage.

Barrett-Lennard, G. T. (2005) *Relationship at the Centre: Healing in a Troubled World*. London: Whurr.

Barrett-Lennard, G. T. (2007) The relational foundations of person-centred practice. In M. Cooper, M. O'Hara, P. F. Schmid & G. Wyatt (eds) *The Handbook of Person-Centred Psychotherapy and Counselling*. Basingstoke: Palgrave Macmillan.

Baughan, R. & Merry, T. (2001) Empathy: an evolutionary/biological perspective. In S. Haugh & T. Merry (eds) *Empathy. Rogers' Therapeutic Conditions: Evolution, Theory and Practice*. Vol. 2. Ross-on-Wye: PCCS Books.

Behr, M., Nuding, D. & McGinnis, S. (2013) Person-centred therapy and counselling with children and young people. In M. Cooper, M. O'Hara, P. F. Schmid & A. C. Bohart (eds) *The Handbook of Person-Centred Therapy & Counselling* (2nd edn). Basingstoke: Palgrave Macmillan.

Bentall, R. P. (2003) *Madness Explained: Psychosis and Human Nature*. London: Allen Lane/Penguin.

Biermann-Ratjen, E.-M. (1996) On the way to a client-centered psychopathology. In R. Hutterer, G. Pawlowsky, P. F. Schmid & R. Stipsits (eds) *Client-Centered and Experiential Psychotherapy: A Paradigm in Motion*. Frankfurt-am-Main: Peter Lang.

Biermann-Ratjen, E.-M. (1998) Incongruence and psychopathology. In B. Thorne & E. Lambers (eds) *Person-Centred Therapy: A European Perspective*. London: Sage.

Bohart, A. C. (2004) How do clients make empathy work? *Person-Centered and Experiential Psychotherapies* 3 (2) 102–116.

Bohart, A. C. (2013) The actualizing person. In M. Cooper, M. O'Hara, P. F. Schmid & Bohart, A. C. (eds) *The Handbook of Person-Centred Psychotherapy and Counselling* (2nd edn). Basingstoke: Palgrave Macmillan.

Bohart, A. C. & Greenberg, L. S. (eds) (1997) *Empathy Reconsidered: New Directions in Psychotherapy*. Washington DC: American Psychological Association.

Bohart, A. C. & Tallman, K. (1999) *How Clients Make Therapy Work: The Process of Active Self-Healing*. Washington

DC: American Psychological Association.

Bohart, A. C. & Tallman, K. (2010) Clients as active self-healers: implications for the person-centred approach. In M. Cooper, J. C. Watson & D. Hölldampf (eds) *Person-Centered and Experiential Therapies Work: A Review of the Research on Counseling, Psychotherapy and Related Practice*. Ross-on-Wye: PCCS Books.

Bozarth, J. D. (1996) Client-centered therapy and techniques. In R. Hutterer, G. Pawlowsky, P. F. Schmid & R. Stipsits (eds) *Client-Centered and Experiential Psychotherapy: A Paradigm in Motion*. Frankfurt-am-Main: Peter Lang.

Bozarth, J. D. (1997) Empathy from the framework of client-centered theory and the Rogerian hypothesis. In A. C. Bohart & L. S. Greenberg (eds) *Empathy Reconsidered: New Directions in Psychotherapy*. Washington DC: American Psychological Association.

Bozarth, J. D. (1998) *Person-Centered Therapy: A Revolutionary Paradigm*. Ross-on-Wye: PCCS Books.

Bozarth, J. D. (2007) Unconditional positive regard. In M. Cooper, M. O'Hara, P. F. Schmid & G. Wyatt (eds) *The Handbook of Person-Centred Psychotherapy and Counselling*. Basingstoke: Palgrave Macmillan.

Bozarth, J. D. (2012) 'Nondirectivity' in the theory of Carl R. Rogers: an unprecedented premise. *Person-Centred and Experiential Psychotherapies* 11 (4) 262–276.

Bozarth, J. D. (2013) Unconditional positive regard. In M. Cooper, M. O'Hara, P. F. Schmid & A. C. Bohart (eds) *The Handbook of Person-Centred Psychotherapy and Counselling* (2nd edn). Basingstoke: Palgrave Macmillan.

Bozarth, J. D. & Wilkins, P. (eds) (2001) *Unconditional Positive Regard. Rogers' Therapeutic Conditions: Evolution, Theory and Practice. Vol. 3*. Ross-on-Wye: PCCS Books.

Brodley, B. T. (1999) Reasons for responses expressing the therapist's frame of reference in client-centered therapy. *The Person-Centered Journal* 6 (1) 4–27.

Brodley, B. T. (2001) Congruence and its relation to communication in client-centered therapy. In G. Wyatt (ed.) *Congruence. Rogers' Therapeutic Conditions: Evolution, Theory and Practice. Vol. 1*. Ross-on-Wye: PCCS Books.

Brodley, B. T. (2005) About the non-directive attitude. In B. E. Levitt (ed.) *Embracing Non-Directivity: Reassessing Person-Centered Theory and Practice in the 21st Century*. Ross-on-Wye: PCCS Books.

Brodley, B. T. (2006) Non-directivity in person-centred therapy. *Person-Centered and Experiential Psychotherapies* 5 (1) 36–52.

Brodley, B. T. & Brody, A. (1996) Can one use techniques and still be client-centered. In R. Hutterer, G. Pawlowsky, P. F. Schmid & R. Stipsits (eds) *Client-Centered and Experiential Psychotherapy: A Paradigm in Motion*. Frankfurt-am-Main: Peter Lang.

Bryant-Jefferies, R. (2012) Anxiety and panic: person-centred interpretations and responses. In J. Tolan & P. Wilkins (eds) *Client Issues in Counselling and Psychotherapy*. London: Sage.

Cain, D. J. (2002) The paradox of nondirectiveness in the person-centered approach. In D. J. Cain (ed.) *Classics in the Client-Centered Approach*. Ross-on-Wye: PCCS Books.

Cameron, R. (2003a) Psychological contact – basic and cognitive contact. In J. Tolan (ed.) *Skills in Person-Centred Counselling and Psychotherapy*. London: Sage.

Cameron, R. (2003b) Psychological contact – emotional and subtle contact. In J. Tolan (ed.) *Skills in Person-Centred Counselling and Psychotherapy*. London: Sage.

Cameron, R. (2012a) Working with drug and alcohol issues. In J. Tolan & P. Wilkins (eds) *Client Issues in Counselling and Psychotherapy*. London: Sage.

Cameron, R. (2012b) A person-centred perspective on self-injury. In J. Tolan & P. Wilkins (eds) *Client Issues in Counselling and Psychotherapy*. London: Sage.

Carrick, L. & McKenzie, S. (2011) A heuristic examination of the application of pre-therapy skills and the person-centred approach in the field of autism. *Person-Centered and Experiential Therapies* 10 (2) 73–88.

Coles, S., Keenan, S. & Diamond, B. (eds) (2013) *Madness Contested: Power and Practice*. Ross-on-Wye: PCCS Books.

Cooper, M. (1999) If you can't be Jekyll be Hyde: an existential phenomenological exploration on lived-plurality. In J. Rowan & M. Cooper (eds) *The Plural Self: Multiplicity in Everyday Life*. London: Sage.

Cooper, M. (2001) Embodied empathy. In S. Haugh & T. Merry (eds) *Empathy. Rogers' Therapeutic Conditions: Evolution, Theory and Practice*. Vol. 2. Ross-on-Wye: PCCS Books.

Cooper, M. (2006) *Counselling in Schools Project, Glasgow, Phase II: Evaluation Report*. Glasgow: University of Strathclyde.

Cooper, M. (2007) Developmental and personality theory. In M. Cooper, M. O'Hara, P. F. Schmid & G. Wyatt (eds) *The Handbook of Person-Centred Psychotherapy and Counselling*. Basingstoke: Palgrave Macmillan.

Cooper, M. (2008) The effectiveness of humanistic counselling in secondary schools. In M. Behr & J. H. D. Cornelius-White (eds) *Facilitating Young People's Development: International Perspectives on Person-Centred Theory and Practice*. Ross-on-Wye: PCCS Books.

Cooper, M. (2013a) Development and personality theory. In M. Cooper, M. O'Hara, P. F. Schmid & A. C. Bohart (eds) *The Handbook of Person-Centred Psychotherapy and Counselling* (2nd edn). Basingstoke: Palgrave Macmillan.

Cooper, M. (2013b) *School-based Counselling in UK Secondary Schools: A Review and Critical Evaluation*. Glasgow: University of Strathclyde.

Cooper, M. & Bohart, A. C. (2013) Experiential and phenomenological foundations. In M. Cooper, M. O'Hara, P. F. Schmid & A. C.

Bohart (eds) *The Handbook of Person-Centred Psychotherapy and Counselling* (2nd edn). Basingstoke: Palgrave Macmillan.

Cooper, M., Rowland, N., McArthur, K., Pattison, S., Cromarty, K. & Richards, K. (2010a) Randomised controlled trial of school-based humanistic counselling for emotional distress in young people: feasibility study and preliminary indications of efficacy. *Child and Adolescent Psychiatry and Mental Health* 4 (1) 1–12.

Cooper, M., Watson, J. C. & Hölldampf, D. (eds) (2010b) *Person-Centered and Experiential Therapies Work: A Review of the Research on Counseling, Psychotherapy and Related Practice.* Ross-on-Wye: PCCS Books.

Cornelius-White, J. (2007) Congruence. In M. Cooper, M. O'Hara, P. F. Schmid & G. Wyatt (eds) *The Handbook of Person-Centred Psychotherapy and Counselling.* Basingstoke: Palgrave Macmillan.

Cornelius-White, J. (2013) Congruence. In M. Cooper, M. O'Hara, P. F. Schmid & Bohart, A. C. (eds) *The Handbook of Person-Centred Psychotherapy and Counselling* (2nd edn). Basingstoke: Palgrave Macmillan.

Cornelius-White, J. H. D. & Behr, M. (eds) (2008) *Facilitating Young People's Development: International Perspectives on Person-Centred Theory and Practice.* Ross-on-Wye: PCCS Books.

Coulson, A. (1995) The person-centred approach and the re-instatement of the unconscious. *Person-Centred Practice* 3 (2) 7–16.

Dekeyser, M., Prouty, G. & Elliott, R. (2014) Pre-therapy process and outcome: a review of research instruments and findings. In P. Pearce & L. Sommerbeck (eds) *Person-Centred Therapy at the Difficult Edge.* Ross-on-Wye: PCCS Books.

Dodds, P., Bruce-Hay, P. & Stapleton, S. (2014) Pre-therapy and dementia – the opportunity to put person-centred theory into everyday practice. In P. Pearce & L. Sommerbeck (eds) *Person-Centred Therapy at the Difficult Edge.* Ross-on-Wye: PCCS Books.

Douglas, B. (2012) Working with clients who have eating problems. In J. Tolan & P. Wilkins (eds) *Client Issues in Counselling and Psychotherapy.* London: Sage.

Dryden, W. (1990) *Rational Emotive Counselling in Action.* London: Sage.

Ellingham, I. (1997) On the quest for a person-centred paradigm. *Counselling* 8 (1) 52–55.

Elliott, R. (2013) Research. In M. Cooper, M. O'Hara, P. F. Schmid & A. C. Bohart (eds) *The Handbook of Person-Centred Psychotherapy and Counselling* (2nd edn). Basingstoke: Palgrave Macmillan.

Elliott, R. & Farber, B. (2010) Carl Rogers: idealistic pragmatist and psychotherapy research pioneer. In L. G. Castonguay, J. C. Muran, L. Angus, J. A. Hayes, N. Ladany & T. Anderson (eds) *Bringing Psychotherapy Research to Life: Understanding Change Through the Work of Leading Clinical Researchers.* Washington DC: American Psychological Association.

Elliott, R. & Freire, E. (2008) Person-centred & experiential therapies are highly effective: summary of the 2008 meta-analysis.

Person-Centred Quarterly. November.

Elliott, R. & Freire, E. (2010) The effectiveness of person-centered and experiential therapies: a review of meta-analyses. In M. Cooper, J. C. Watson & D. Hölldampf (eds) *Person-Centered and Experiential Therapies Work: A Review of the Research on Counseling, Psychotherapy and Related Practices*. Ross-on-Wye: PCCS Books.

Elliott, R., Greenberg, L. S. & Lietaer, G. (2004a) Research on experiential therapies. In M. J. Lambert (ed.) *Bergin and Garfield's Handbook of Psychotherapy and Behaviour Change*. Chicago, IL: Wiley.

Elliott, R., Watson, J., Goldman, R. & Greenberg, L. S. (2004b) *Learning Emotional-Focused Therapy: The Process-Experiential Approach to Change*. Washington DC: American Psychological Association.

Evans, R. (1975) *Carl Rogers: The Man and His Ideas*. New York: Dutton.

Fairhurst, I. (1993) Rigid or pure? *Person-Centred Practice* 1 (1) 25–30.

Freeth, R. (2007) *Humanising Psychiatry and Mental Health Care: The Challenge of the Person-Centred Approach*. Oxford: Radcliffe Publishing.

Freire, E. (2001) Unconditional positive regard: the distinctive feature of client-centred therapy. In J. D. Bozarth & P. Wilkins (eds) *Unconditional Positive Regard. Rogers' Therapeutic Conditions: Evolution, Theory and Practice. Vol. 3*. Ross-on-Wye: PCCS Books.

Freire, E. (2007) Empathy. In M. Cooper, M. O'Hara, P. F. Schmid & G. Wyatt (eds) *The Handbook of Person-Centred Psychotherapy and Counselling*. Basingstoke: Palgrave Macmillan.

Freire, E. (2012) Introduction to special issue on nondirectivity. *Person-Centered and Experiential Psychotherapies* 11 (3) 171–172.

Freire, E. (2013) Empathy. In M. Cooper, M. O'Hara, P. F. Schmid & Bohart, A. C. (eds) *The Handbook of Person-Centred Psychotherapy and Counselling* (2nd edn). Basingstoke: Palgrave Macmillan.

Freire, E., Elliott, R. & Westwell, G. (2014) Person-centred and experiential psychotherapy scale (PCEPS): development and reliability of an adherence measure for person-centred and experiential psychotherapies. *Counselling and Psychotherapy Research* 14 (3) 220–226.

Freire, E. and Grafanaki, S. (2010) Measuring the relationship conditions in person-centered and experiential psychotherapies: past, present and future. In M. Cooper, J. C. Watson & D. Hölldampf (eds) *Person-Centered and Experiential Therapies Work: A Review of the Research on Counseling, Psychotherapy and Related Practice*. Ross-on-Wye: PCCS Books.

Gaylin, N. L. (2001) *Family, Self and Psychotherapy: A Person-Centred Perspective*. Ross-on-Wye: PCCS Books.

Gaylin, N. L. (2008) Person-centered family therapy: old wine in new bottles. *Person-Centered and Experiential Therapies* 7 (4) 235–244.

Geller, S. (2013) Therapeutic presence. In M. Cooper, M. O'Hara, P. F. Schmid & A. C. Bohart (eds) *The Handbook of Person-Centred Psychotherapy and Counselling* (2nd edn). Basingstoke: Palgrave

Macmillan.

Geller, S. M. & Greenberg, L. S. (2002) Therapeutic presence: therapists' experience of presence in the psychotherapy encounter. *Person-Centered and Experiential Psychotherapies* 1 (1 & 2) 71–86.

Gendlin, E. T. (1978) *Focusing*. New York: Everest House (New British Edition, London: Rider, 2003).

Gendlin, E. T. (1996) *Focusing Oriented Psychotherapy*. New York: Guilford Press.

Gillon, E. (2013) Assessment and formulation. In M. Cooper, M. O'Hara, P. F. Schmid & A. C. Bohart (eds) *The Handbook of Person-Centred Psychotherapy and Counselling* (2nd edn). Basingstoke: Palgrave Macmillan.

Grant, B. (2002) Principled and instrumental nondirectiveness in person-centered and client-centered therapy. In D. J. Cain (ed.) *Classics in the Client-Centered Approach*. Ross-on-Wye: PCCS Books.

Grant, B. (ed.) (2005) *Embracing Non-directivity: Reassessing Person-Centered Theory and Practice in the 21st Century*. Ross-on-Wye: PCCS Books.

Grant, B. (2010) Getting the point: empathic understanding in nondirective Client-Centered Therapy. *Person-Centred and Experiential Psychotherapies* 9 (3) 220–235.

Haselberger, D. & Hutterer, R. (2013) The person-centered approach to research. In J. H. D. Cornelius, R. Motschnig-Pitrik & M. Lux (eds) *Interdisciplinary Handbook of the Person-Centered Approach: Research and Theory*. New York: Springer.

Haugh, S. (1998) Congruence: a confusion of language. *Person-Centred Practice* 6 (1) 44–50.

Haugh, S. (2001) A historical review of the development of the concept of congruence in person-centred theory. In G. Wyatt (ed.) *Congruence. Rogers' Therapeutic Conditions: Evolution, Theory and Practice. Vol. 1*. Ross-on-Wye: PCCS Books.

Haugh, S. (2012) A person-centred approach to loss and bereavement. In J. Tolan & P. Wilkins (eds) *Client Issues in Counselling and Psychotherapy*. London: Sage.

Haugh, S. & Merry, T. (eds) (2001) *Empathy. Rogers' Therapeutic Conditions: Evolution, Theory and Practice. Vol. 2*. Ross-on-Wye: PCCS Books.

Hawkins, J. (2005) Living with pain: mental health and the legacy of childhood abuse. In S. Joseph & R. Worsley (eds) *Person-Centred Psychopathology: A Positive Psychology of Mental Health*. Ross-on-Wye: PCCS Books.

Hawkins, J. (2014) Person-centred therapy with people with learning disabilities: happy people wear hats. In P. Pearce & L. Sommerbeck (eds) *Person-Centred Therapy at the Difficult Edge*. Ross-on-Wye: PCCS Books.

Hendricks, M. H. (2001) An experiential version of unconditional positive regard. In J. D. Bozarth & P. Wilkins (eds) *Unconditional Positive Regard. Rogers' Therapeutic Conditions: Evolution, Theory and Practice. Vol. 3*. Ross-on-Wye: PCCS Books.

Hill, A. (2012) Counselling for Depression. In P. Sanders (ed.) *The Tribes of the Person-Centred Nation: An Introduction to the Schools of Therapy Related to the Person-Centred Approach.* Ross-on-Wye: PCCS Books.

Hill, A. & Elliott, R. (2014) Evidence-based practice and person-centred and experiential therapies. In P. Sanders & A. Hill, *Counselling for Depression: A Person-Centred and Experiential Approach to Practice.* London: Sage.

Hill, M. (2004) Woman-centred practice. In G. Proctor & M. B. Napier (eds) *Encountering Feminism: Intersections between Feminism and the Person-Centred Approach.* Ross-on-Wye: PCCS Books.

Hobbs, T. (1989) The Rogers' interview. *Counselling Psychology Review* 4 (4) 19–27.

Hoener, C., Stiles, W. B., Luka, B. J. & Gordon, R. A. (2012) Client experiences of agency in therapy. *Person-Centered and Experiential Psychotherapies* 11 (1) 64–82.

Holdstock, L. (1993) Can we afford not to revision the person-centred concept of self? In D. Brazier (ed.) *Beyond Carl Rogers.* London: Constable.

Hölldampf, D., Behr, M. & Crawford, I. (2010) Effectiveness of person-centered and experiential psychotherapies with children and young people: a review of outcome studies. In M. Cooper, J. C. Watson & D. Hölldampf (eds) (2010) *Person-Centered and Experiential Therapies Work: A Review of the Research on Counseling, Psychotherapy and Related Practices.* Ross-on-Wye: PCCS Books.

Howe, D. (1993) *On Being a Client: Understanding the Process of Counselling and Psychotherapy.* London: Sage.

Iberg, J. R. (2001) Unconditional positive regard: constituent activities. In J. D. Bozarth & P. Wilkins (eds) *Unconditional Positive Regard. Rogers' Therapeutic Conditions: Evolution, Theory and Practice. Vol. 3.* Ross-on-Wye: PCCS Books.

Johnstone, L. (2014) *A Straight-Talking Introduction to Psychiatric Diagnosis.* Ross-on-Wye: PCCS Books.

Johnstone, L. & Dallos, R. (2013) *Formulations in Psychology and Psychotherapy: Making Sense of People's Problems* (2nd edn). Hove: Routledge.

Joseph, S. (2003) Person-centred approach to understanding post-traumatic stress. *Person-Centred Practice* 11 70–75.

Joseph, S. (2004) Person-centred therapy, post-traumatic stress disorder and post-traumatic growth: theoretical perspectives and practical implications. *Psychology and Psychotherapy: Theory, Research, and Practice* 77 101–120.

Joseph, S. (2005) Understanding posttraumatic stress from the person-centred perspective. In S. Joseph & R. Worsley (eds) *Person-Centred Psychopathology.* Ross-on-Wye: PCCS Books.

Joseph, S. & Murphy, D. (2013a) Person-centered theory encountering mainstream psychology: building bridges and looking to the future. In J. H. D. Cornelius, R. Motschnig-Pitrik & M.

Lux (eds) *Interdisciplinary Handbook of the Person-Centered Approach: Research and Theory*. New York: Springer.

Joseph, S. & Murphy, D. (2013b) The person-centered approach, positive psychology and related helping: building bridges. *Journal of Humanistic Psychology* 53 (1) 26–51.

Joseph, S. & Worsley, R. (eds) (2005) *Person-Centred Psychopathology: A Positive Psychology of Mental Health*. Ross-on-Wye: PCCS Books.

Keil, S. (1996) The self as a systematic process of interactions of 'inner persons'. In R. Hutterer, G. Pawlowsky, P. F. Schmid & R. Stipsits (eds) *Client-Centered and Experiential Psychotherapy: A Paradigm in Motion*. Frankfurt-am-Main: Peter Lang.

Keys, S. & Walshaw, T. (2008) *Person-Centred Work with Children and Young People*. Ross-on-Wye: PCCS Books.

Kirschenbaum, K. (2007) *The Life and Work of Carl Rogers*. Ross-on-Wye: PCCS Books.

Kirschenbaum, H. & Henderson, V. L. (eds) (1990a) *The Carl Rogers Reader*. London: Constable.

Kirschenbaum, H. & Henderson, V. L. (eds) (1990b) *The Carl Rogers Dialogues*. London: Constable.

Knox, R. & Cooper, M. (2011) A state of readiness: an exploration of the client's role in meeting at relational depth. *Journal of Humanistic Psychology* 51 (1) 61–81.

Knox, R., Murphy, D., Wiggins, S. & Cooper, M. (eds) (2013) *Relational Depth: New Perspectives and Developments*. Basingstoke: Palgrave Macmillan.

Kovel, J. (1976) *A Complete Guide to Therapy: From Psychotherapy to Behaviour Modification*. New York: Pantheon Books.

Krietemeyer, B. & Prouty, G. (2003) The art of psychological contact: the psychotherapy of a mentally retarded psychotic client. *Person-Centered and Experiential Psychotherapies* 2 (3) 151–161.

Krupnick, J. L., Sotsky, S. M., Elkin, I., Simmens, S., Moyer, J., Watkins, J. & Pilkonis, P. A. (1996) The role of the therapeutic alliance in psychotherapy and pharmacotherapy outcome: health treatment of depression collaborative research programme. *Journal of Consulting & Clinical Psychology* 64 532–539.

Lago, C. (2007) Counselling across difference and diversity. In M. Cooper, M. O'Hara, P. F. Schmid & G. Wyatt (eds) *The Handbook of Person-Centred Psychotherapy and Counselling*. Basingstoke: Palgrave Macmillan.

Lago, C. (2010) On developing our empathic capabilities to work inter-culturally and inter-ethnically: attempting a map for personal and professional development. *Psychotherapy and Politics International* 8 73–85.

Lago, C. (ed.) (2011a) *The Handbook of Transcultural Counselling and Psychotherapy*. Maidenhead: Open University Press/McGraw-Hill.

Lago, C. (2011b) Diversity, oppression, and society: implications for person-centered therapists. *Person-Centered and Experiential*

Psychotherapies 10 (4) 235–247.
Lambers, E. (1994) Person-centred psychopathology. In D. Mearns (ed.) *Developing Person-Centred Counselling*. London: Sage.
Leijssen, M. (2001) Authenticity training: an exercise for therapists. In G. Wyatt (ed.) *Congruence. Rogers' Therapeutic Conditions: Evolution, Theory and Practice*. Vol. 1. Ross-on-Wye: PCCS Books.
Levitt, B. E. (2005) Non-directivity: the foundational attitude. In B. E. Levitt (ed.) *Embracing Non-Directivity: Reassessing Person-Centered Theory and Practice in the 21st Century*. Ross-on-Wye: PCCS Books.
Levitt, B. E. (ed.) (2008) *Reflections on Human Potential: Bridging the Person-Centred Approach and Positive Psychology*. Ross-on-Wye: PCCS Books.
Lietaer, G. (1984) Unconditional positive regard: a controversial basic attitude in client-centered therapy. In R. H. Levant & J. M. Shlien (eds) *Client-Centered Therapy and the Person-Centered Approach*. New York: Praeger.
Lietaer, G. (1993) Authenticity, congruence and transparency. In D. Brazier (ed.) *Beyond Carl Rogers*. London: Constable.
Lietaer, G. (2001a) Being genuine as a therapist. In G. Wyatt (ed.) *Congruence. Rogers' Therapeutic Conditions: Evolution, Theory and Practice. Vol. 1*. Ross-on-Wye: PCCS Books.
Lietaer, G. (2001b) Unconditional acceptance and positive regard. In J. D. Bozarth & P. Wilkins (eds) *Unconditional Positive Regard. Rogers' Therapeutic Conditions: Evolution, Theory and Practice. Vol. 3*. Ross-on-Wye: PCCS Books.
Lipinska, D. (2009) *Person-Centred Counselling for People with Dementia*. London: Jessica Kingsley Publishing.
Lipinska, D. (2014) Person-centred therapy for people with dementia. In P. Pearce & L. Sommerbeck (eds) *Person-Centred Therapy at the Difficult Edge*. Ross-on-Wye: PCCS Books.
MacLeod, R. & Elliott, R. (2014) Nondirective person-centered therapy for social anxiety: a hermeneutic single-case efficacy design study of a good outcome case. *Person-Centered and Experiential Psychotherapies* 13 (4) 294–311.
Marshall, J. (1984) *Women Managers: Travellers in a Male World*. Chichester: Wiley.
Masson, J. (1992) *Against Therapy*. London: Fontana.
McLeod, J. (2002) Research policy and practice in person-centered and experiential therapy: restoring confidence. *Person-Centered and Experiential Psychotherapies* 1 (1 & 2) 87–101.
Mearns, D. (1994) *Developing Person-centred Counselling*. London: Sage.
Mearns, D. (1996) Working at relational depth with clients in person-centred therapy. *Counselling* 7 (4) 306–311.
Mearns, D. (1999) Person-centred therapy with configurations of self. *Counselling* 10 (2) 125–130.
Mearns, D. (2002) Theoretical propositions in regard to self-theory

within person-centered therapy. *Person-Centered and Experiential Psychotherapies* 1 (1 & 2) 14–27.

Mearns, D. (2004) Problem-centered is not person-centered. *Person-Centered and Experiential Psychotherapies* 3 (2) 88–101.

Mearns, D. & Cooper, M. (2005) *Working at Relational Depth in Counselling and Psychotherapy*. London: Sage.

Mearns, D. & Thorne, B. (2000) *Person-Centred Therapy Today: New Frontiers in Theory and Practice*. London: Sage.

Mearns, D. & Thorne, B. (2007) *Person-Centred Counselling in Action* (3rd edn). London: Sage.

Merry, T. (1998) Client-centred therapy: origins and influences. *Person-Centred Practice* 6 (2) 96–103.

Merry, T. (2000) Person-centred counselling and therapy. In C. Feltham & I. Horton (eds) *Handbook of Counselling and Psychotherapy*. London: Sage.

Merry, T. (2002) *Learning and Being in Person-Centred Counselling* (2nd edn). Ross-on-Wye: PCCS Books.

Moerman, M. (2012) Working with suicidal clients: the person-centred counsellor's experience and understanding of risk assessment. *Counselling and Psychotherapy Research* 12 (3) 214–233.

Moodley, R., Lago, C. & Talahite, A. (eds) (2004) *Carl Rogers Counsels a Black Client: Race and Culture in Person-Centred Counselling*. Ross-on-Wye: PCCS Books.

Moon, K. & Rice, B. (2012) The nondirective attitude in client-centered practice: a few questions. *Person-Centered and Experiential Psychotherapies* 11 (4) 289–303.

Mosher, L. R. (1999) Soteria and other alternatives to acute psychiatric hospitalization: a personal and professional view. *Changes* 17 (1) 35–51.

Murphy, D. & Joseph, S. (2014) Understanding posttraumatic stress and facilitating posttraumatic growth. In P. Pearce & L. Sommerbeck (eds) *Person-Centred Practice at the Difficult Edge*. Ross-on-Wye: PCCS Books.

Murphy, D., Cramer, D. & Joseph, S. (2012) Mutuality in person-centred therapy: a new agenda for research and practice. *Person-Centered and Experiential Psychotherapies* 11 (2) 109–123.

Natiello, P. (1987) The person-centered approach: from theory to practice. *Person-Centered Review* 2 203–216.

Natiello, P. (1990) The person-centered approach, collaborative power, and cultural transformation. *Person-Centered Review* 5 (3) 268–286.

Natiello, P. (1999) The person-centred approach: a solution to gender splitting. In I. Fairhurst (ed.) *Women Writing in the Person-Centred Approach*. Ross-on-Wye: PCCS Books.

Natiello, P. (2001) *The Person-Centred Approach: A Passionate Presence*. Ross-on-Wye: PCCS Books.

Neville, B. (1996) Five kinds of empathy. In R. Hutterer, G. Pawlowsky, P. F. Schmid & R. Stipsits (eds) *Client-Centered and Experiential Psychotherapy: A Paradigm in Motion*.

Frankfurt-am-Main: Peter Lang.

Norcross, J. C. (2002) *Psychotherapy Relationships That Work: Therapist Contributions and Responses to Patients.* New York: Oxford University Press.

O'Leary, C. J. (1999) *Counselling Couples and Families.* London: Sage.

O'Leary, C. J. (2008) Response to couples and families in distress: Rogers' six conditions lived with respect for the unique medium of relationship therapy. *Person-Centered and Experiential Therapies* 7 (4) 294–307.

O'Leary, C. J. (2012) *The Practice of Person-Centred Couple and Family Therapy.* London: Palgrave.

O'Leary, C. J. & Johns, B. J. (2013) Couples and families. In M. Cooper, M. O'Hara, P. F. Schmid & A. C. Bohart (eds) *The Handbook of Person-Centred Therapy & Counselling* (2nd edn). Basingstoke: Palgrave Macmillan.

Pattison, S., Rowland, N., Cromarty, K., Richards, K., Jenkins, P. I., Cooper, M., Polat, F. & Couchman, A. (2007) *Counselling in Schools: A Research Study into Services for Children and Young People in Wales.* Lutterworth: BACP.

Pearce, P. & Sommerbeck, L. (2014) *Person-Centred Practice at the Difficult Edge.* Ross-on-Wye: PCCS Books.

Pörtner, M. (2007) *Trust and Understanding: The Person-Centred Approach to Everyday Care for People with Special Needs.* Ross-on-Wye: PCCS Books.

Pörtner, M. (2008) *Being Old is Different: Person-Centred Care for Older People.* Ross-on-Wye: PCCS Books.

Power, J. (2012) Person-centred therapy with adults abused as children. In J. Tolan & P. Wilkins (eds) *Client Issues in Counselling and Psychotherapy.* London: Sage.

Proctor, G. (2002) *The Dynamics of Power in Counselling and Psychotherapy: Ethics, Politics and Practice.* Ross-on-Wye: PCCS Books.

Proctor, G. (2006) Therapy: opium of the masses or help for those who least need it? In G. Proctor, M. Cooper, P. Sanders and B. Malcolm (eds) *Politicizing the Person-centred Approach: An Agenda for Social Change.* Ross-on-Wye: PCCS Books.

Proctor, G. (2011) Diversity: the depoliticization of inequalities. *Person-Centered and Experiential Psychotherapies* 10 (4) 231–234.

Proctor, G. & M. B. Napier (eds) (2004) *Encountering Feminism: Intersections between Feminism and the Person-Centred Approach.* Ross-on-Wye: PCCS Books.

Proctor, G., Cooper, M., Sanders, P. & Malcolm, B. (eds) (2006) *Politicizing the Person-Centred Approach: An Agenda for Social Change.* Ross-on-Wye: PCCS Books.

Prouty, G. (2001) Humanistic therapy for people with schizophrenia. In D. J. Cain (ed.) *Humanistic Therapies: Handbook of Research and Practice.* Washington DC: American Psychological Association.

Prouty, G. (2002a) Pre-therapy as a theoretical system. In G. Wyatt & P. Sanders (eds) *Contact and Perception. Rogers'*

Therapeutic Conditions: Evolution, Theory and Practice. Vol. 4. Ross-on-Wye: PCCS Books.

Prouty, G. (2002b) The practice of pre-therapy. In G. Wyatt & P. Sanders (eds) *Contact and Perception. Rogers' Therapeutic Conditions: Evolution, Theory and Practice.* Vol. 4. Ross-on-Wye: PCCS Books.

Purton, C. (2004) *Person-Centred Therapy: The Focusing-Oriented Approach.* Basingstoke: Palgrave Macmillan.

Read, J. & Dillon, J. (2013) *Models of Madness: Psychological, Social and Biological Approaches to Psychoses* (2nd edn.). Hove: Routledge.

Read, J. & Sanders, P. (2010) *A Straight-Talking Introduction to the Causes of Mental Health Problems.* Ross-on-Wye: PCCS Books.

Read, J., Mosher, L. R. & Bentall, R. P. (eds) (2004) *Models of Madness.* London: Brunner-Routledge.

Rennie, D. L. (1998) *Person-Centred Counselling: An Experiential Approach.* London: Sage.

Rice, L. N. (1974) The evocative function of the therapist. In D. A. Wexler & L. N. Rice (eds) *Innovations in Client-Centered Therapy.* New York: Wiley.

Rogers, C. R. (1939) *The Clinical Treatment of the Problem Child.* Boston, MA: Houghton-Mifflin.

Rogers, C. R. (1942) *Counseling and Psychotherapy.* Boston, MA: Houghton-Mifflin.

Rogers, C. R. (1951) *Client-Centered Therapy: Its Current Practice, Implications and Theory.* Boston, MA: Houghton-Mifflin.

Rogers, C. R. (1957) The necessary and sufficient conditions of therapeutic personality change. *Journal of Consulting Psychology* 21 95–103.

Rogers, C. R. (1959) A theory of therapy, personality, and inter-personal relationships, as developed in the client-centered framework. In S. Koch (ed.) *Psychology: A Study of a Science. Formulations of the Person and the Social Context.* Vol. 3. New York: McGraw-Hill.

Rogers, C. R. (1961) The process equation of psychotherapy. *American Journal of Psychotherapy* 15 27–45.

Rogers, C. R. (1963) The actualizing tendency in relation to 'motives' and to consciousness. In M. R. Jones (ed.) *Nebraska Symposium on Motivation.* Lincoln, NE: University of Nebraska Press.

Rogers, C. R. (1966) Client-centered therapy. In S. Areti (ed.) *American Handbook of Psychiatry.* New York: Basic Books.

Rogers, C. R. (1967) *On Becoming a Person: A Therapist's View of Psychotherapy.* London: Constable.

Rogers, C. R. (1975) Empathic: an unappreciated way of being. *The Counseling Psychologist* 5 (2) 2–11.

Rogers, C. R. (1977) *Carl Rogers on Personal Power: Inner Strength and Its Revolutionary Impact.* New York: Delacorte Press.

Rogers, C. R. (1980) *A Way of Being.* Boston, MA: Houghton-Mifflin.

Rogers, C. R. (1986) A client-centered/person-centered approach to therapy. In I. L. Kutash & A. Wolf (eds) *Psychotherapist's*

Case-book. San Francisco, CA: Jossey-Bass.

Rogers, C. R. (2008) The actualizing tendency in relation to 'motives' and to consciousness. In B. E. Levitt (ed.) *Reflections on Human Potential: Bridging the Person-Centered Approach and Positive Psychology*. Ross-on-Wye: PCCS Books.

Rogers, N. (2007) Person-centred expressive arts therapy. In M. Cooper, M. O'Hara, P. F. Schmid & G. Wyatt (eds) *The Handbook of Person-Centred Psychotherapy and Counselling*. Basingstoke: Palgrave Macmillan.

Rogers, N. (2013) Person-centred expressive arts therapy: connecting body, mind and spirit. In M. Cooper, M. O'Hara, P. F. Schmid & A. C. Bohart (eds) *The Handbook of Person-Centred Psychotherapy and Counselling*. Basingstoke: Palgrave Macmillan.

Romme, M. & Escher, S. (2000) *Making Sense of Voices: A Guide for Mental Health Professionals Working with Voice-hearers*. London: Mind.

Rundle, K. (2010) Person-centred therapy and hearing voices. Presentation at the World Hearing Voices Congress, Nottingham, 4 November.

Rundle, K. (2012a) Person-centred therapy with people experiencing depression. In J. Tolan & P. Wilkins (eds) *Client Issues in Counselling and Psychotherapy*. London: Sage.

Rundle, K. (2012b) Person-centred approaches to different realities. In J. Tolan & P. Wilkins (eds) *Client Issues in Counselling and Psychotherapy*. London: Sage.

Rutten, A. (2014) A person-centred approach to counselling clients with autistic process. In P. Pearce and L. Sommerbeck (eds) *Person-Centred Therapy at the Difficult Edge*. Ross-on-Wye: PCCS Books.

Sanders, P. (2004) Mapping person-centred approaches to counselling and psychotherapy. In P. Sanders (ed.) *The Tribes of the Person-Centred Nation: An Introduction to the Schools of Therapy Related to the Person-Centred Approach*. Ross-on-Wye: PCCS Books.

Sanders, P. (2005) Principled and strategic opposition to the medicalisation of distress and all of its apparatus. In S. Joseph & R. Worsley (eds) *Person-Centred Psychopathology: A Positive Psychology of Mental Health*. Ross-on-Wye: PCCS Books.

Sanders, P. (2006a) Why person-centred therapists must reject the medicalisation of distress. *Self & Society* 34 (3) 32–39.

Sanders, P. (2006b) *The Person-Centred Counselling Primer*. Ross-on-Wye: PCCS Books.

Sanders, P. (2007a) The 'family' of person-centred and experiential therapies. In M. Cooper, M. O'Hara, P. F. Schmid & G. Wyatt (eds) *The Handbook of Person-Centred Psychotherapy and Counselling*. Basingstoke: Palgrave Macmillan.

Sanders, P. (2007b) Schizophrenia is not an illness – a response to van Blarikom. *Person-Centered and Experiential Psychotherapies* 6 (2) 112–128.

Sanders, P. (2007c) Introducing pre-therapy. In P. Sanders (ed.) *The Contact Work Primer*. Ross-on-Wye: PCCS Books.

Sanders, P. (2007d) Understanding and doing pre-therapy and contact work. In P. Sanders (ed.) *The Contact Work Primer*. Ross-on-Wye: PCCS Books.

Sanders, P. (2007e) In place of the medical model: person-centred alternatives to the medicalisation of distress. In R. Worsley & S. Joseph (eds) *Person-Centred Practice: Case Studies in Positive Psychology*. Ross-on-Wye: PCCS Books.

Sanders, P. (ed.) (2007f) *The Contact Work Primer*. Ross-on-Wye: PCCS Books.

Sanders, P. (ed.) (2012) *The Tribes of the Person-Centred Nation: An Introduction to the Schools of Therapy Related to the Person-Centred Approach* (2nd edn). Ross-on-Wye: PCCS Books.

Sanders, P. (ed.) (2013) *Person-Centred Therapy Theory and Practice in the 21st Century*. Ross-on-Wye: PCCS Books.

Sanders, P. & Hill, A. (2014) *Counselling for Depression: A Person-Centred and Experiential Guide to Practice*. London: Sage.

Sanders, P. & Tudor, K. (2001) This is therapy: a person-centred critique of the contemporary psychiatric system. In C. Newnes, G. Holmes and C. Dunn (eds) *This is Madness Too: Critical Perspectives in Mental Health Services*. Ross-on-Wye: PCCS Books.

Schmid, P. F. (1998a) 'Face to face' – the art of encounter. In B. Thorne & E. Lambers (eds) *Person-Centred Therapy: A European Perspective*. London: Sage.

Schmid, P. F. (1998b) 'On becoming a person-centred approach': a person-centred understanding of the person. In B. Thorne & E. Lambers (eds) *Person-Centred Therapy: A European Perspective*. London: Sage.

Schmid, P. F. (2002) Presence: immediate co-experiencing and co-responding. Phenomenological, dialogical and ethical perspectives on contact and perception in person-centred therapy and beyond. In G. Wyatt & P. Sanders (eds) *Contact and Perception. Rogers' Therapeutic Conditions: Evolution, Theory and Practice. Vol. 4*. Ross-on-Wye: PCCS Books.

Schmid, P. F. (2003) The characteristics of a person-centered approach to therapy and counselling: criteria for identity and coherence. *Person-Centered and Experiential Psychotherapies* 2 (2) 104–120.

Schmid, P. F. (2007) The anthropological and ethical foundations of person-centred therapy. In M. Cooper, M. O'Hara, P. F. Schmid & G. Wyatt (eds) *The Handbook of Person-Centred Psychotherapy and Counselling*. Basingstoke: Palgrave Macmillan.

Schmid, P. F. (2012) Psychotherapy is political or it is not psychotherapy: the person-centered approach as an essentially political venture. *Psychotherapy and Politics International* 12 (1) 4–17.

Schmid, P. F. (2013) A practice of social ethics: anthropological, epistemological and ethical foundations of the person-centered approach. In J. H. D. Cornelius, R. Motschnig-Pitrik & M.

Lux (eds) *Interdisciplinary Handbook of the Person-Centered Approach: Research and Theory*. New York: Springer.

Schmid, P. F. (2014) *Person and Society. Towards a Person-Centred Sociotherapy*. pfs-online.at/papers/pp-keynote-buenosaires2014english.pdf. Accessed 29/12/2014.

Seligman, M. E. P. & Csikszentmihalyi, M. (2000) Positive psychology: an introduction. *American Psychologist* 55 (1) 5–14.

Shlien, J. M. (1984) A countertheory of transference. In R. H. Levant & J. M. Shlien (eds) *Client-Centered Therapy and the Person-Centered Approach*. New York: Praeger.

Shlien, J. M. (1989) Response to Boy's symposium on psychodiagnosis. *Person-Centered Review* 4 (7) 157–162.

Shlien, J. M. (1997) Empathy in psychotherapy: a vital mechanism? Yes. Therapist's conceit? All too often. By itself enough? No. In A. C. Bohart & L. S. Greenberg (eds) *Empathy Reconsidered: New Directions in Psychotherapy*. Washington DC: American Psychological Association.

Shlien, J. M. (2003) *To Lead an Honourable Life: Invitations to Think about Client-Centered Therapy and the Person-Centered Approach. A Collection of the Work of John M. Shlien* (ed. P. Sanders). Ross-on-Wye: PCCS Books.

Shlien, J. M. & Levant, R. F. (1984) Introduction. In R. F. Levant & J. M. Shlien (eds) *Client-Centered Therapy and the Person-Centered Approach: New Directions in Theory, Research, and Practice*. New York: Praeger.

Silverstone, L. (1994) Person-centred art therapy: bringing the person-centred approach to the therapeutic use of art. *Person-Centred Practice* 2 (1) 18–23.

Sommerbeck, L. (2011) An introduction to pre-therapy. *Psychosis: Psychological, Social and Integrative Approaches* 3 (3) 235–241.

Sommerbeck, L. (2012) Being directive in nondirective settings. *Person-Centered and Experiential Psychotherapies* 11 (3) 173–189.

Sommerbeck, L. (2014a) Combining person-centred therapy and pre-therapy with clients at the difficult edge. In P. Pearce & L. Sommerbeck (eds) *Person-Centred Practice at the Difficult Edge*. Ross-on-Wye: PCCS Books.

Sommerbeck, L. (2014b) Refutations of myths of inappropriateness of person-centred therapy at the difficult edge. In P. Pearce & L. Sommerbeck (eds) *Person-Centred Practice at the Difficult Edge*. Ross-on-Wye: PCCS Books.

Sommerbeck, L. (2014c) Therapist limits at the difficult edge. In P. Pearce & L. Sommerbeck (eds) *Person-Centred Practice at the Difficult Edge*. Ross-on-Wye: PCCS Books.

Speierer, G.-W. (1996) Client-centered therapy according to the Differential Incongruence Model (DIM). In R. Hutterer, G. Pawlowsky, P. F. Schmid & R. Stipsits (eds) *Client-Centered and Experiential Psychotherapy: A Paradigm in Motion*. Frankfurt-am-Main: Peter Lang.

Speierer, G.-W. (1998) Psychopathology according to the differential incongruence model. In L. S. Greenberg, J. C. Watson and G. Lietaer (eds) *Handbook of Experiential Psychotherapy*. New York: Guilford Press.

Spinelli, E. (1994) *Demystifying Therapy*. London: Constable.

Stiles, W. B., Barkham, M., Twigg, E., Mellor-Clark, J. & Cooper, M. (2006) Effectiveness of cognitive-behavioural, person-centred and psychodynamic therapies as practised in UK National Health Service settings. *Psychological Medicine* 36 555–566.

Stiles, W. B., Barkham, M., Mellor-Clark, J. & Connell, J. (2008) Effectiveness of cognitive-behavioural, person-centred, and psycho-dynamic therapies as practiced in UK primary care routine practice: replication in a larger sample. *Psychological Medicine* 38 677–688.

Tarrier, N., Harwood, S., Yusopoff, L., Beckett, R. & Baker, A. (1990) Coping strategy enhancement (CSE): a method of treating residual schizophrenic symptoms. *Behavioural Psychotherapy* 18 (4) 283–293.

Tengland, P.-A. (2001) A conceptual exploration of incongruence and mental health. In G. Wyatt (ed.) *Congruence. Rogers' Therapeutic Conditions: Evolution, Theory and Practice Vol. 1*. Ross-on-Wye: PCCS Books.

Thorne, B. (1991) The quality of tenderness. In B. Thorne, *Person-centred Counselling: Therapeutic and Spiritual Dimensions*. London: Whurr.

Thorne, B. with Sanders, P. (2013) *Carl Rogers* (3rd edn). London: Sage.

Tickle, E. & Murphy, D. (2014) A journey to client and therapist mutuality in person-centred psychotherapy: a case study. *Person-Centered and Experiential Psychotherapies* 13 (4) 237–351.

Tolan, J. (2003) *Skills in Person-Centred Counselling and Psychotherapy*. London: Sage.

Tolan, J. & Wilkins, P. (eds) (2012) *Client Issues in Counseling and Psychotherapy*. London: Sage.

Traynor, W. (2014) An investigation of the effectiveness of person-centred therapy for 'psychotic' processes in adult clients. In P. Pearce & L. Sommerbeck (eds) *Person-Centred Practice at the Difficult Edge*. Ross-on-Wye: PCCS Books.

Traynor, W., Elliott, R. & Cooper, M. (2011) Helpful factors and outcomes in person-centred therapy with clients who experience psychotic processes: therapists' perspectives. *Person-Centered and Experiential Psychotherapies* 11 (2) 89–104.

Tudor, K. (2000) The case of the lost conditions. *Counselling* 11 (1) 33–37.

Tudor, K (ed.) (2008) *Brief Person-Centred Therapies*. London: Sage.

Tudor, K. & Merry, T. (2002) *Dictionary of Person-Centred Psychology*. London: Whurr.

Tudor, K. & Worrall, M. (1994) Congruence reconsidered. *British Journal of Guidance and Counselling* 22 (2) 197–205.

Turner, A. (2012) Person-centred approaches to trauma, critical incidents and post-traumatic stress disorder. In J. Tolan & P. Wilkins (eds) *Client Issues in Counselling and Psychotherapy*. London: Sage.

Van Werde, D. (1994) Dealing with the possibility of psychotic content in a seemingly congruent communication. In D. Mearns (ed.) *Developing Person-Centred Counselling*. London: Sage.

Van Werde, D. (2014) Pre-therapy at its edges: from palliative care to exercising newly recovered contact functioning. In P. Pearce & L. Sommerbeck (eds) *Person-Centred Therapy at the Difficult Edge*. Ross-on-Wye: PCCS Books.

Van Werde, D. & Prouty, G. (2007) Pre-therapy. In M. Cooper, M. O'Hara, P. F. Schmid & G. Wyatt (eds) *The Handbook of Person-Centred Psychotherapy and Counselling*. Basingstoke: Palgrave Macmillan.

Van Werde, D. & Prouty, G. (2013) Clients with contact-impaired functioning: pre-therapy. In M. Cooper, M. O'Hara, P. F. Schmid & A. C. Bohart (eds) *The Handbook of Person-Centred Psychotherapy and Counselling* (2nd edn). Basingstoke: Palgrave Macmillan.

Warner, M. S. (1996) How does empathy cure? A theoretical consideration of empathy, processing and personal narrative. In R. Hutterer, G. Pawlowsky, P. F. Schmid & R. Stipsits (eds) *Client-Centered and Experiential Psychotherapy: A Paradigm in Motion*. Frankfurt-am-Main: Peter Lang.

Warner, M. S. (2000) Person-centred therapy at the difficult edge: a developmentally based model of fragile and dissociated process. In D. Mearns & B. Thorne (eds) *Person-Centred Therapy Today: New Frontiers in Theory and Practice*. London: Sage.

Warner, M. S. (2001) Empathy, relational depth and difficult client process. In S. Haugh & T. Merry (eds) *Empathy. Rogers' Therapeutic Conditions: Evolution, Theory and Practice. Vol. 2*. Ross-on-Wye: PCCS Books.

Warner, M. S. (2002) Psychological contact, meaningful process and human nature: a reformulation of person-centered theory. In G. Wyatt & P. Sanders (eds) *Contact and Perception. Rogers' Therapeutic Conditions: Evolution, Theory and Practice. Vol. 4*. Ross-on-Wye: PCCS Books.

Warner, M. S. (2005) A person-centered view of human nature, wellness and psycho-pathology. In S. Joseph & R. Worsley (eds) *Person-Centred Psychopathology: A Positive Psychology of Mental Health*. Ross-on-Wye: PCCS Books.

Warner, M. S. (2007a) Client incongruence and psychopathology. In M. Cooper, M. O'Hara, P. F. Schmid & G. Wyatt (eds) *The Handbook of Person-Centred Psychotherapy and Counselling*. Basingstoke: Palgrave Macmillan.

Warner, M. S. (2007b) Luke's process: a positive view of schizophrenic thought disorder. In S. Joseph & R. Worsley (eds) *Person-Centred Practice: Case Studies in Positive Psychology*. Ross-on-Wye: PCCS Books.

Warner, M. S. (2014) Client processes at the difficult edge. In P. Pearce

& L. Sommerbeck (eds) *Person-Centred Practice at the Difficult Edge*. Ross-on-Wye: PCCS Books.

Washburn, A. & Von Humboldt, S. (2013) Older adults. In M. Cooper, M. O'Hara, P. F. Schmid & A. C. Bohart (eds) *The Handbook of Person-Centred Therapy and Counselling* (2nd edn). Basingstoke: Palgrave Macmillan.

Watson, J. C. & Sheckley, P. (2001) Potentiating growth: an examination of the research on unconditional positive regard. In J. D. Bozarth & P. Wilkins (eds) *Unconditional Positive Regard. Rogers' Therapeutic Conditions: Evolution, Theory and Practice. Vol. 3*. Ross-on-Wye: PCCS Books.

Wiggins, S., Elliott, R. & Cooper, M. (2012) The prevalence and characteristics of relational depth events in psychotherapy. *Psychotherapy Research* 22 (2) 139–150.

Wilkins, P. (1994) Can psychodrama be person-centred? *Person-Centred Practice* 2 (2) 14–18.

Wilkins, P. (1997a) Congruence and countertransference: similarities and differences. *Counselling* 8 (1) 36–41.

Wilkins, P. (1997b) *Personal and Professional Development for Counsellors*. London: Sage.

Wilkins, P. (1997c) Empathy: a desirable quality for effective inter-personal communication? *Applied Community Studies* 3 (2) 3–13.

Wilkins, P. (1999) The relationship in person-centred counselling. In C. Feltham (ed.) *Understanding the Counselling Relationship*. London: Sage.

Wilkins, P. (2000) Unconditional positive regard reconsidered. *British Journal of Guidance and Counselling* 28 (1) 23–36.

Wilkins, P. (2003) *Person-Centred Therapy in Focus*. London: Sage.

Wilkins, P. (2005a) Assessment and 'diagnosis' in person-centred therapy. In S. Joseph & R. Worsley (eds) *Person-Centred Psychopathology: A Positive Psychology of Mental Health*. Ross-on-Wye: PCCS Books.

Wilkins, P. (2005b) Person-centred theory and 'mental illness'. In S. Joseph & R. Worsley (eds) *Person-Centred Psychopathology: A Positive Psychology of Mental Health*. Ross-on-Wye: PCCS Books.

Wilkins, P. (2006) Being person-centred. *Self & Society* 34 (3) 6–14.

Wilkins, P. (2010) Researching in a person-centered way. In M. Cooper, J. C. Watson & D. Hölldampf (eds) *Person-Centered and Experiential Therapies Work: A Review of the Research on Counseling, Psychotherapy and Related Practice*. Ross-on-Wye: PCCS Books.

Wilkins, P. (2012) Person-centred sociotherapy: applying person-centred attitudes, principles and practices to social situations, groups and society as a whole. *Hellenistic Journal of Psychology* 9 240–254 (also at www.pseve.org/journal/UPLOAD/Wilkins9c.pdf).

Wilkins, P. & Bozarth, J. D. (2001) Unconditional positive regard in context. In J. D. Bozarth & P. Wilkins (eds) *Unconditional Positive*

Regard. Rogers' Therapeutic Conditions: Evolution, Theory and Practice. Vol. 3. Ross-on-Wye: PCCS Books.

Wilkins, P. & Gill, M. (2003) Assessment in person-centered therapy. *Person-Centered and Experiential Psychotherapies* 2 172–187.

Wolter-Gustafson, C. (1999) The power of the premise: reconstructing gender and human development with Rogers' theory. In I. Fairhurst (ed.) *Women Writing in the Person-Centred Approach.* Ross-on-Wye: PCCS Books.

Wood, J. K. (1996) The person-centered approach: towards an understanding of its implications. In R. Hutterer, G. Pawlowsky, P. F. Schmid & R. Stipsits (eds) *Client-Centered and Experiential Psychotherapy: A Paradigm in Motion.* Frankfurt-am-Main: Peter Lang.

Worsley, R. (2002) *Process Work in Person-Centred Therapy: Phenomenological and Existential Therapy.* Basingstoke: Palgrave Macmillan.

Worsley, R. & Joseph, S. (eds) (2007) *Person-Centred Practice: Case Studies in Positive Psychology.* Ross-on-Wye: PCCS Books.

Wyatt, G. (ed.) (2001a) *Congruence. Rogers' Therapeutic Conditions: Evolution, Theory and Practice. Vol. 1.* Ross-on-Wye: PCCS Books.

Wyatt, G. (2001b) The multifaceted nature of congruence within the therapeutic relationship. In G. Wyatt (ed.) *Congruence. Rogers' Therapeutic Conditions: Evolution, Theory and Practice. Vol. 1.* Ross-on-Wye: PCCS Books.

Wyatt, G. (2007) Psychological contact. In M. Cooper, M. O'Hara, P. F. Schmid & G. Wyatt (eds) *The Handbook of Person-Centred Psychotherapy and Counselling.* Basingstoke: Palgrave Macmillan.

Wyatt, G. (2013) Psychological contact. In M. Cooper, M. O'Hara, P. F. Schmid & A. C. Bohart (eds) *The Handbook of Person-Centred Psychotherapy and Counselling* (2nd edn). Basingstoke: Palgrave Macmillan.

Wyatt, G. & Sanders, P. (2002) The history of conditions 1 and 6. In G. Wyatt & P. Sanders (eds) *Contact and Perception. Rogers' Therapeutic Conditions: Evolution, Theory and Practice. Vol. 4.* Ross-on-Wye: PCCS Books.

专业名词英中文对照表

A

acceptance	接纳
actualising tendency	实现倾向
acute mild anxiety	急性轻度焦虑
affective contact	情感接触
analysis of dreams	梦的解析
analysis of the transference	移情分析
autism	孤独症
awareness	觉察

B

bio-neuropsychological	生理-神经心理学
blind spots	盲点
body reflections	躯体反应
borderline	边界（性）
burnout	倦怠

C

catatonia	紧张症
CBT（cognitive-behavior therapy）	认知行为疗法
CCT（client-centred therapy）	来访者中心疗法
classical psychotherapy	经典精神分析
client	来访者
communicative contact	交流性接触
compassion	同情能力
compulsions	强迫
conditions of worth	价值条件
configuration of self	自我完型
congruence	一致性
congruent responses	一致性回应
congruence takes precedence	一致性优先
constructive personality change	建设性人格改变
contact-impaired	接触缺陷
contracting	签订协议
culture-bound	文化界限

D

delusions	妄想
dementia	痴呆

demystification	启蒙	experiencing self	经验自我
depression	抑郁	experiential psychotherapy	经验心理治疗
diagnosis	诊断	extratherapeutic variables	治疗变量
disempowerment	去权力化		
disorder	障碍		
disorganization	失调		
dissociated process	分离式加工		
dissociative	分离		
dissociative identity disorder	分离性人格障碍		
distortion	曲解		
distress	困扰		
drowsiness	困倦		

F

facial reflections	面部反应
focusing	聚焦
focusing-oriented approaches	焦点取向方法
fragile process	脆弱性加工
fragmentation	分裂
frames of reference	参考框架
free association	自由联想
fully functioning person	机能健全者

E

effect size	效应量
emotional states	情绪状态
Emotional-Focused Therapy	情绪焦点疗法（治疗）
empathic responding	共情反应
empathic understanding	共情理解
empathy	共情
epistemology	认识论
existential loneliness	存在孤单

G

general comtibility	普遍兼容性

H

hallucinations	幻觉

holism	整体观
humanistic psychology	人本主义心理学
hypnosis	催眠术

I

I	主体我
incongruence	不一致
ideal self	理想自我
individualistic	个人主义
internal confusion	内在困惑
intimacy	亲密
instrumental non-directiveness	工具型非指导性
interpretation of personality	人格动力学解释
intrusive flashbacks	闪回

L

labeling	标签化
locus of control	内在控制点

M

me	客体我
medicalization	医学化
meta-paradigm	元范式
metaphact process	隐喻式加工
multiple personality disorder	多重人格障碍
multiple self	多重自我

N

narcissism	自恋
neurosis	神经质
non-directive counseling	非指导性咨询
non-directive therapy	非指导性疗法

O

organic condition	机体条件

P

palliative care	缓和治疗

PCT (person-centred therapy)	以人为中心疗法	psychogenic illness	心因性疾病
peer group	同伴群体	(psychological) contact	（心理）接触
person-centred approach	以人为中心方法	psychological maturity	心理成熟度
person-centred arts therapy	以人为中心的艺术治疗	Psychopathology	精神病理学
person-centred expressive arts therapy	以人为中心表达性艺术治疗	psychosis	精神病
person-centred principles	以人为中心原理	psychosynthesists	心理综合学家
person-centred sociotherapy	以人为中心社会疗法	psychotic process	精神病式加工
personal presence	个人存在	purist	纯化论者
plural selfs	多元自我		
post-traumatic distress disorder	创伤后焦虑障碍		

R

reality contact	现实接触
reflection	反射
regression	退化
re-iterative reflections	重复反应
relational depth	关系深度
relational qualities	关系品质
residential sessions	住宅会谈
resistance	阻抗

postulated characteristics	假定特征
Power	权力
Pragmatic	实用主义
Prejudice	偏见
Presence	存在
pre-therapy	先期治疗（或预治疗）
process - experiential therapy	过程经验疗法
psychiatry	精神病学
psychoanalysis	精神分析

S

schizophrenia	精神分裂

self-a ctualizing tendency	自我实现倾向		

self-a ctualizing tendency 自我实现倾向
self-awareness 自我觉察
self-concept 自我概念
self-condemning 自我批评
self-deceptive 自我欺骗
self-deprecating 自我贬低
self-dialogues 自我对话
self-direct 自我指导
self-disclosure 自我披露
self-discrepancy 自我矛盾
self-esteem 自尊
self-experience 自我经验
self-initiated 自我激发
self-pluralistic 自我多元性
self-regard 自我关注
self theory 自我理论
significant others 重要他人
situational reflections 情境反应
social mediation 社会中介
structural power 结构性权力
subception 潜意识感知
subpersonalities 亚人格
super-conditions 超级条件
superconscious 超意识

T

the classic client-centred approach 经典以人为中心方法（疗法）
the non-directive attitude 非指导性态度
theory of personality 人格理论
the quality of tenderness 温和的效果
therapeutic presence 治疗性存在
therapeutic relationship 治疗关系
therapeutic encounter 治疗性接触
transference 移情
transparency 透明度

U

unconditional positive regard 无条件积极关注
unfettered relating 不受约束的联系

W

withdrawal 退行
word-for-word reflections 逐字反应
working alliance 工作联盟

译后记

以人为中心疗法：100个关键点与技巧

保罗·威尔金斯（Paul Wilkins）所著《以人为中心疗法》（第2版）历经近1年的时间，终于翻译完毕，在长舒一口气的同时，心里仍多少有一些忐忑，不知这部集体翻译的书稿其质量能否令读者及同行满意，尽管我们翻译团队为此书的翻译倾注了不少心力。

本书的翻译，缘起于中央财经大学社会与心理学院心理系及应用心理专硕办公室与化学工业出版社的一次亲密合作。出版社领导慧眼独具，决定引进并出版由Windy Dryden出版公司出版的心理咨询与治疗100个关键点译丛——《以人为中心疗法：100个关键点与技巧》，而我们当时正在努力思索和探讨应用心理专业硕士的培养和课程建设等问题，是实践性、应用性导向将我们紧密地联系在了一起。我和我的多位同事都承担了本套丛书的翻译工作。由于以往承担课程及参与编著教材的经历中，对人本主义学说比较熟悉，也比较有兴趣，就承担了丛书中由威尔金斯所著的这本《以人为中心疗法》的翻译工作。

有一个小的误解，只到翻译本书的过程中才得以澄清：原本认为罗杰斯是人本主义理论伟大的实践者，换言之，原来认识中一直以为罗杰斯是在人本主义理论的指导下创立了来访者中心疗法。在翻译本书过程中，从威尔金斯的论述中才明白，可能是来访者中心疗法影响了人本主义，而不是人本主义影响了来访者中心疗法。总之，翻译书稿的过程是一个不断遇到问题、不断解决问题的过程，更是一次很好的学习和提高过程。

本书虽然篇幅不算很大，但是包罗的内容十分丰富。维也纳大学的P. F. 施密德（Peter F. Schmid）教授对此书的评价十分中肯，他认为威尔金斯做了一项伟大的工作，其伟大之处在于他用一种清晰和易读的语言对以人为中心疗法的本质进行了学术性的深入描述，而且做到了完全忠实于罗杰斯的原始思想，对待源于经典来访者中心方法的不同分支及其发展也抱持了一种完全公正客观的态度。书中既包含了以人为中心疗法的哲学基础及相关理论,也包含了该疗法的实践;既包含了对该疗法的质疑,也包含了对质疑的理性思考和回应;既包含对以人为中心疗法传统知识的叙述,也包含对该疗法发展前景的理解和展望。总之,本书内容不仅对相关学术性研究有帮助,对实践应用者更是大有助益。

如前所述,本书的翻译工作是由我和我的几位研究生共同完成的,具体翻译分工为:辛志勇(序言,第1~7个关键点)、杜晓鹏(第8个关键点,第16~22个关键点)、刘静(第9~15个关键点)、顾冰(第23~38个关键点)、韩丽丽(第39~50个关键点)、岑明颖(第51~84个关键点)、李升阳(第85~100个关键点)。

感谢化学工业出版社的梁虹女士和赵玉欣责任编辑,翻译过程中多次给予及时的提醒和指导!感谢各位译者,在承担学习和研究任务重担的前提下仍高质量地完成了自己承担的翻译工作!

由于译者专业水平和翻译水平有限,书稿翻译中定有不妥之处,敬请读者批评指正!

辛志勇
2017年3月6日于美国加州大学尔湾分校